三电平永磁同步电机控制技术

SANDIANPING YONGCI
TONGBU DIANJI KONGZHI JISHU

侯文宝 著

镇 江

图书在版编目(CIP)数据

三电平永磁同步电机控制技术 / 侯文宝著. -- 镇江：江苏大学出版社，2023.11

ISBN 978-7-5684-2048-8

Ⅰ. ①三… Ⅱ. ①侯… Ⅲ. ①永磁同步电机－控制系统 Ⅳ. ①TM351.012

中国国家版本馆 CIP 数据核字(2023)第 206211 号

三电平永磁同步电机控制技术

著　　者/侯文宝
责任编辑/徐　婷
出版发行/江苏大学出版社
地　　址/江苏省镇江市京口区学府路 301 号(邮编：212013)
电　　话/0511-84446464(传真)
网　　址/http://press.ujs.edu.cn
排　　版/镇江市江东印刷有限责任公司
印　　刷/苏州古得堡数码印刷有限公司
开　　本/718 mm×1 000 mm　1/16
印　　张/8
字　　数/150 千字
版　　次/2023 年 11 月第 1 版
印　　次/2023 年 11 月第 1 次印刷
书　　号/ISBN 978-7-5684-2048-8
定　　价/56.00 元

如有印装质量问题请与本社营销部联系(电话:0511-84440882)

前　言

永磁同步电机（permanent magnet synchronous motor，PMSM）凭借其功率密度高、调速范围宽等优点被广泛应用于各类工业领域。传统电压源型三电平变换器的避免直通和降压特征，影响了其作为驱动单元的输出波形质量和宽范围电压输出性能。本书以二极管箝位（neutral point clamped，NPC）型Z源三电平变换器驱动PMSM为研究对象，对其开展系统建模、电机参数辨识、变换器调制算法、非线性补偿及宽调速范围内的高性能控制系统设计等方面的研究。

为提高电机运行性能、改善温升等环境对电机参数的影响，本书以内埋式永磁同步电机（interior permanent magnet synchronous motor，IPMSM）为驱动对象，研究基于自适应线性（adaline）神经网络的电机参数在线辨识方法。针对多参数辨识所致的电压方程欠秩问题，提出采用短时间注入负电流 i_d 的方程扩张方法，通过最小均方（least mean square，LMS）误差算法进行神经网络的权值系数在线调整，实现电机定子电阻 R_s、交轴电感 L_q、直轴电感 L_d、转子永磁体磁链 ψ_f 这四项参数的在线辨识。

为拓宽驱动变换器的输出电压范围，本书结合Z源阻抗网络的升压及允许桥臂上下直通等优点，研究一种将传统NPC型三电平变换器与Z源网络相结合的NPC型Z源三电平驱动变换器的拓扑结构，并开展其适用的调制算法研究。首先，为改善传统三电平空间矢量脉宽调制（space vector pulse width modulation，SVPWM）存在的扇区判断计算复杂问题，研究采用三角形方向判断替代位置判断的线电压坐标系三电平SVPWM算法；其次，在上述基础上研究不增加额外开关损耗的直通状态插入方法；最后，以IPMSM为驱动对象，研究适用于NPC型Z源三电平变换器驱动系统的简化模型预测控制方法，通过将滚动优化中的电流寻优替换成电压优化的方式来提高算法执行效率，实现驱动系统的有效控制。

考虑到由驱动变换器非线性特征造成的电机定子电流畸变问题，本书首先基于谐波旋转坐标系建立和分析电机的谐波数学模型；其次，在分析传统滑动离散傅里叶变换（sliding discrete Fourier transform，SDFT）提取谐波信号本质的基础上，通过重新设计SDFT算法传递函数的方式，研究一种既能保证谐波信号提取效果又能提升谐波信号提取效率的广义SDFT（generalized SDFT，GSDFT）算法；最后，基于所提取的谐波信号分量，进行谐波补偿电压的计算和注入，实现变换器非线性特征的有效补偿，以期进一步提升电机驱动系统的控制性能。

为进一步提高NPC型Z源三电平变换器驱动IPMSM的运行性能，使其具备更好的环境适应性，本书以高频电压激励为基础，研究一种适用于零低速范围的无位置传感器转子位置检测方法。首先，建立高频电压激励下的电机数学模型，分析高频信号注入法实现转子位置检测的原理。其次，引入GSDFT算法进行高频感应电流信号的幅值提取，进而实现零低速范围的无位置传感器控制及转子位置检测；同时，研究基于电机凸级效应、通过GSDFT算法判别高频感应电流幅值变化趋势的电机转子初始位置角的辨识方法。最后，搭建相应实验平台，开展上述理论研究内容的相关实验验证。

本书在编写过程中参考和引用了一些国内外专家学者的研究成果，在此对他们表示诚挚的谢意。限于作者水平，书中难免存在不足之处，恳请广大读者批评指正。

目　录

第1章　绪论 …… 001

1.1　研究背景及意义 …… 001

1.2　国内外研究现状 …… 002

1.3　研究内容 …… 019

第2章　内埋式永磁同步电机的数学模型及其参数辨识 …… 021

2.1　内埋式永磁同步电机的数学模型 …… 021

2.2　基于Adaline神经网络的电机参数辨识 …… 025

2.3　电流测量误差影响分析及补偿 …… 029

2.4　内埋式永磁同步电机的最大转矩电流比控制 …… 031

2.5　仿真分析 …… 033

2.6　本章小结 …… 036

第3章　NPC型Z源三电平变换器的拓扑结构及调制策略 …… 038

3.1　NPC型Z源三电平变换器的拓扑结构及工作原理 …… 038

3.2　基于线电压坐标系SVPWM的NPC型Z源三电平变换器调制算法 …… 042

3.3　基于简化模型预测的Z源三电平变换器控制 …… 048

3.4　仿真分析 …… 053

3.5　本章小结 …… 056

第4章　基于广义滑动离散傅里叶变换的变换器非线性补偿 …… 057

4.1　内埋式永磁同步电机的谐波数学模型 …… 057

4.2　谐波电流分量提取 …… 059

4.3　谐波电压补偿量的计算与注入 …… 064

4.4　仿真分析 …… 067

4.5　本章小结 …… 073

第5章　内埋式永磁同步电机的无位置传感器转子位置检测…………… 074
5.1　基于高频注入法的转子位置辨识 …………………………………… 074
5.2　基于GSDFT算法的转子位置检测…………………………………… 078
5.3　转子初始位置角检测 ………………………………………………… 082
5.4　仿真分析 ……………………………………………………………… 083
5.5　本章小结 ……………………………………………………………… 087
第6章　系统实验验证…………………………………………………… 088
6.1　实验平台结构及对应参数 …………………………………………… 088
6.2　永磁同步电机参数在线辨识实验验证 ……………………………… 089
6.3　NPC型Z源三电平变换器带IPMSM实验验证 ……………………… 091
6.4　无位置传感器转子位置辨识的实验验证 …………………………… 108
6.5　本章小结 ……………………………………………………………… 114
第7章　结论和展望……………………………………………………… 115
7.1　结论 …………………………………………………………………… 115
7.2　展望 …………………………………………………………………… 116
参考文献…………………………………………………………………… 118

第1章　绪论

1.1　研究背景及意义

目前,我国正部署全面推进实施制造强国战略,其中包括大力推动高档数控机床和机器人、航空航天装备、海洋工程装备及高技术船舶、先进轨道交通装备、电力装备等十大重点领域突破发展。电机驱动系统作为上述装备的动力来源和核心运动部件,其性能品质是国家核心竞争力的重要体现。永磁同步电机以其功率密度高、传动效率高、调速范围宽等优点,被广泛应用于高精度机床、飞轮、电动汽车、航空或舰载驱动等工业产品生产领域。

为提高永磁同步电机的运行效率、拓宽其调速范围,需要电机驱动变换装置具备宽范围电压输出性能,但传统电压源型驱动变换器具有典型的降压特征,即交流输出电压的峰值不大于直流输入电压,从而限制了变换装置的输出电压范围。此外,为防止桥臂直通造成短路故障,需要在上下桥臂的开关器件之间设置死区,死区时间的存在会影响变换器的输出谐波性能;同时,在高压大功率场合,受电磁干扰,开关器件的误导通也会造成器件损坏、装置运行受影响等问题。Z源变换器作为一种新型拓扑结构的电能转换器,通过在直流输入侧与传统变换器之间耦合阻抗网络的方式,不仅能在变换器中插入上下开关器件同时导通的直通状态,避免死区设置问题,还能通过直通状态的插入拓宽变换器的输出电压范围。

近年来,Z源变换器在新能源并网、电动汽车等领域得到了广泛应用。传统电压源型变换器与Z源阻抗网络相结合,能有效拓宽驱动变换器的输出电压范围、改善其输出谐波性能。但当两者相结合应用于高性能电机驱动控制时,尚存在一系列亟待解决的问题:

① 大功率永磁同步电机的驱动系统一般采用三电平电压源型变换器,本身就存在开关器件较多、调制算法复杂等问题;引入Z源阻抗网络后增加了直通状态,必然会引起调制复杂、器件开关次数增多等问题,因此需要研究适

用于Z源三电平变换器的调制算法。

② 虽然直通状态的插入避免了器件死区时间的补偿问题,但变换器非线性特征并未改变,变换器输出电压中依旧存在调制引起的各次谐波分量,不利于电机高性能转矩输出,因此需要研究相应的变换器非线性补偿策略。

③ 对于电机控制来说,高性能电机控制离不开电机转子位置的实时、有效获取,而传统的机械类传感器检测方式,如基于光电编码器、旋转变压器或霍尔位置传感器等的检测方式,不仅会增加控制系统的体积和成本,还会带来传感器信号检测处理以及运行可靠性问题。因此,依赖于电机本身数学模型及易测电机信号的无位置传感器一直是电机控制领域的研究热点之一。无位置传感器控制技术的关键有两点:一是取决于电机参数的辨识精度;二是要实现电机本身处于低速或零速工况下的转子位置信息的准确获取。因此,研究适用于全速范围的电机无位置传感器转子位置检测技术具有重要的理论研究意义和实际应用价值。

考虑到内埋式永磁同步电机相较于表贴式永磁同步电机具有更高的功率密度,更能满足电动汽车的等宽转速范围的需求,本书以NPC型Z源三电平变换器驱动内埋式永磁同步电机(IPMSM)为研究对象,从变换器调制策略、非线性补偿以及电机参数辨识、零低速范围的无位置传感器转子位置检测等角度出发,探索研究此时电机的高性能控制算法,以实现相关设备和技术的国产化。

1.2 国内外研究现状

1.2.1 Z源变换器的国内外研究现状

持续增长的能源需求、高端装备的控制需求等促进了各类电力电子装置拓扑以及相应控制技术的不断发展。为进一步突破传统电压、电流源型变换器的固有降压、升压特征,改善死区时间等造成的变换器输出电压质量下降问题,我国学者彭方正教授于2004年首先提出了一类在变换器前端耦合阻抗网络的Z源变换器结构,其不仅能同时实现变换器的升压、降压功能,还允许变换器工作在直通状态。同时,由于Z源变换器只是在变换器前端耦合了含有电感、电容以及开关元件的阻抗网络,其本质上还是属于单级变换器拓扑,相较两级变换器实现升压、降压的方案来说,在体积和运行效率方面都具有更强的竞争力。

自Z源变换器被提出至今,此类新型阻抗源型变换器的相关研究得到了广泛关注,国内外学者针对Z源变换器的拓扑结构、调制算法以及不同应用场合的控制优化开展了广泛研究。

1.2.1.1 典型Z源结构

以阻抗网络与电压源型变换器结合而成的Z源变换器为例,其原始拓扑结构如图1-1所示。图1-1中,阻抗源(Z源)由电感L_1、L_2和电容C_1、C_2组成了一个X形二端口网络,其中的一个端口与直流电压源相连,另一个端口作为电压源型变换器的输入。在基本Z源变换器拓扑结构被提出后不久,研究人员探索研究了针对基本Z源变换器的改进拓扑,即q准Z源结构,其与电压源型变换器的拓扑结构如图1-2所示。

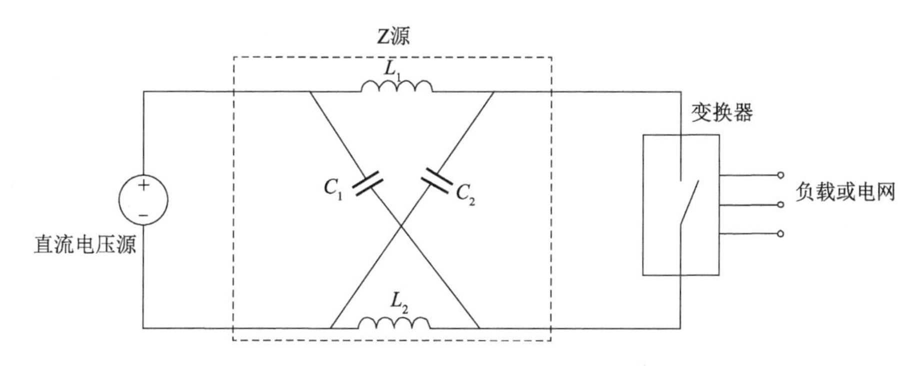

图1-1 Z源变换器原始拓扑结构图

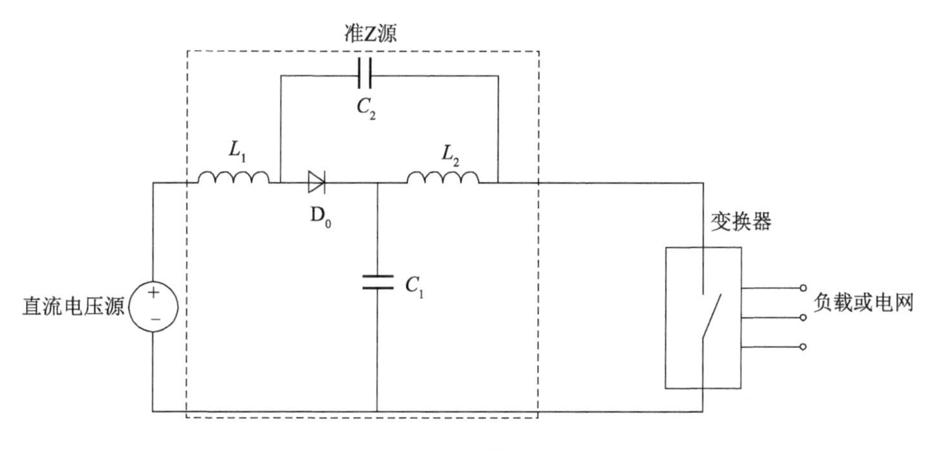

图1-2 q准Z源变换器拓扑结构图

相较于基本Z源结构来说,q准Z源结构具有电容电压应力低、Z源输入侧电流连续等优点,因此得到了广泛应用。但是,无论是基本Z源变换器结构,还是准Z源变换器结构,均为单向工作模式,阻抗网络中使用的二极管可能会导致电感电流断续，因此研究人员研究了可实现能量双向流动的双向Z源结构和双向准Z源结构，进一步拓展了Z源变换器的应用范围。

除了上述典型改进外，近年来国内外学者还针对不同应用场合和功能需求，开展了各种类型的Z源阻抗网络拓扑结构及其应用研究，主要包括两个方面：一是提高Z源网络的升压能力，使其应用在需要大升压比的场合；二是降低阻抗网络中电容、电感及二极管等元件的承受应力。有学者提出采用开关电感（switch inductance）替换Z源网络中的电感，可在提升输出电压能力的同时进一步减小装置体积，从而提高功率密度。有学者提出采用两端抽头电感单元替代经典Z源网络中的两个分立电感，通过改变抽头电感的匝数比来调节Z源网络的输出电压范围。也有学者提出采用磁耦合型电感器和变压器替代Z源网络中的无源元件，不仅可以提高功率密度，还可以降低系统成本，比较典型的有Trans-Z源和Γ-Z源两类。除此之外，还有学者研究了适用于三相四线制系统的含中性点Z源网络，并探索了Z源网络与多电平变换器的结合，这对中、高压电机驱动系统以及大规模光伏并网系统有重要意义，也为本书相关研究提供了有力参考。

1.2.1.2　典型多电平电压源型变换器拓扑

大功率永磁同步电机驱动系统一般采用多电平变换器拓扑。目前，无论是二极管箝位型多电平拓扑，还是级联H桥型多电平拓扑或模块化多电平拓扑，都已在工业领域得到了广泛应用。

（1）二极管箝位型多电平拓扑

1980年，日本学者Nabae、Takahashi和Akagi等首次提出二极管箝位型多电平拓扑结构，其中的二极管箝位型三电平拓扑是目前大功率工业领域中应用最为广泛的拓扑结构之一。图1-3所示为二极管箝位型三电平变换器拓扑结构。

二极管箝位型多电平拓扑结构具有以下优点：① 每相桥臂由多个开关器件串联组成，故各开关器件的承压较低，因此能利用低压器件实现高压驱动；② 二极管箝位型变换器是多电平结构，因此其输出性能较好，谐波畸变问题得到改善；③ 开关器件的dv/dt和di/dt都较小。

二极管箝位型多电平拓扑虽然得到了广泛的工业应用，但在以下方面还存在待改进空间：① 当电平数增加时，存在开关器件多、装置体积大、调制复杂以及可靠性降低等问题；② 由于此类拓扑结构一般应用于中、高压大电流的大功率场合，故器件的开关损耗抑制是研究重点之一；③ 该拓扑直流侧需要采用电容进行分压，电容电压的不均衡问题是限制其性能的主要因素之一。

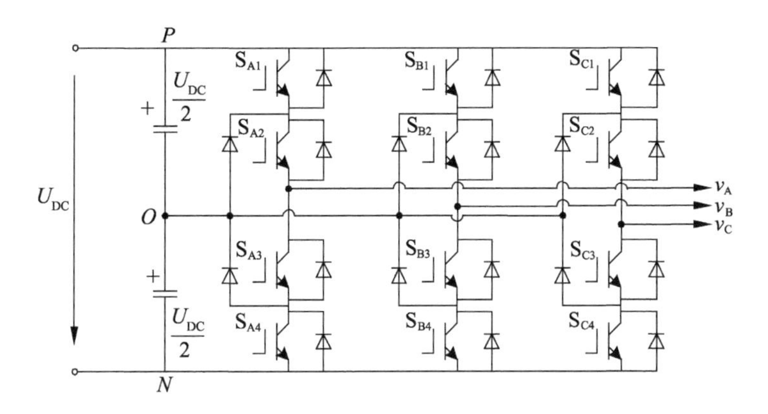

图 1-3 二极管箝位型三电平变换器拓扑结构图

(2) 级联 H 桥型多电平拓扑

级联 H 桥型多电平拓扑是一类采用全桥两电平 H 桥拓扑为基本功率单元的级联型多电平拓扑。通过改变基本功率单元的数目,可以获得不同电平输出的变换器。图 1-4 所示为级联 2H 桥型三相五电平变换器拓扑结构。

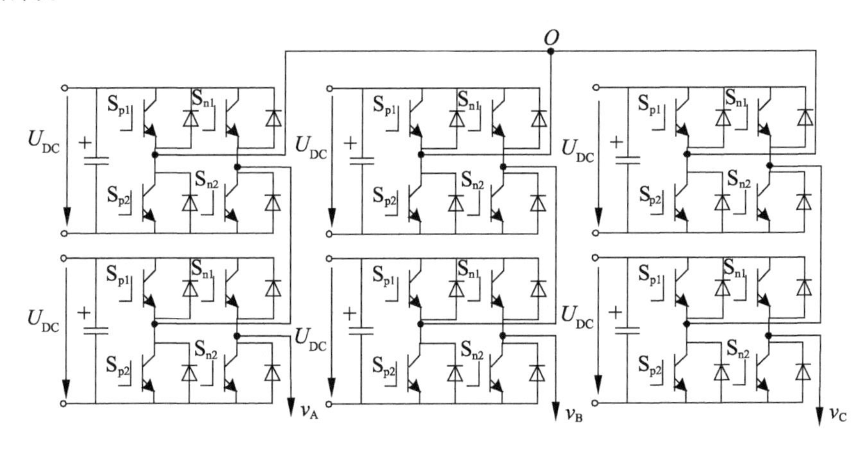

图 1-4 级联 2H 桥型三相五电平变换器拓扑结构图

级联 H 桥型多电平拓扑结构的最大特点是每个 H 桥都需要由独立直流电源供电,这样不仅可以避免二极管箝位型多电平拓扑直流侧电容带来的中点电位波动问题,还便于模块化管理,但同时也会带来装置体积庞大、成本昂贵等问题。以单相输出 n 电平的级联 H 桥型变换器为例,其直流侧需要$(n-1)/2$ 个独立电源,单个桥臂需要 $2(n-1)$ 个功率开关器件。

（3）模块化多电平拓扑

模块化多电平变换器（modular multilevel converter，MMC）是由德国学者Marquardt教授于2003年首先提出的，目前已成为电力电子技术在高压和大功率环境下的热门研究之一。图1-5所示为三相MMC拓扑结构，该拓扑的每一相有上、下两个桥臂，每个桥臂由n个子模块（SM）和一个桥臂电感组成，桥臂电感主要是为了控制桥臂间的内部环流及发生故障时的电流上升率。

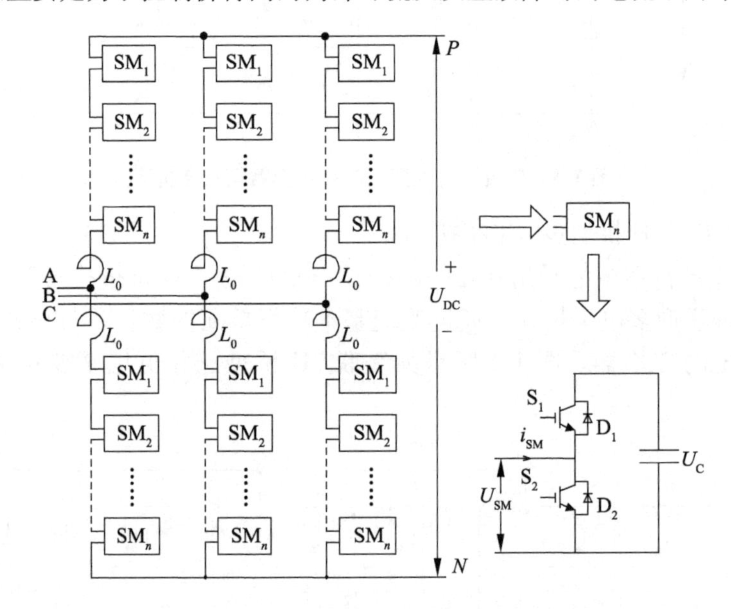

图1-5　三相MMC拓扑结构图

三相MMC拓扑能通过合理控制输入和调整每相子模块的数量来获得不同的输出电压电平数，具有以下优势：① 子模块高度模块化，可通过灵活配置、调整模块数量得到不同输出；② 不同桥臂可独立运行，故障冗余能力强；③ 各模块直流侧可根据需求配置储能模块，实现储能运用。

目前，针对MMC的研究已经扩展到柔性直流输电、新能源大规模储能并网以及高压大功率交流传动等领域。

1.2.1.3　Z源变换器的脉宽调制策略

Z源变换器的脉宽调制（pulse width modulation，PWM）策略是在原有变换器调制策略的基础上插入直通状态并尽量降低器件开关频率，以期降低装置开关损耗。鉴于目前多电平变换器常用正弦脉宽调制（sinusoidal pulse width modulation，SPWM）策略、空间矢量脉宽调制策略、可变开关频率调制策略等主要调制策略，Z源变换器的脉宽调制策略研究基于上述策略展开。

(1) 应用于Z源变换器的正弦脉宽调制策略

应用于Z源变换器的正弦脉宽调制共有简单升压控制、最大升压控制以及最大恒定升压控制三种经典模式。上述方法都是通过在传统正弦脉宽调制中添加不同的直通参考矢量来生成直通状态,如图1-6所示。当三角载波高于顶部直通参考矢量 $\boldsymbol{v}_p$ 和三相调制波($\boldsymbol{v}_A$、$\boldsymbol{v}_B$ 和 $\boldsymbol{v}_C$)的顶部包络线或低于底部直通参考矢量 $\boldsymbol{v}_n$ 和三相调制波的底部包络线时,令变换器上、下桥臂同时导通,即可产生直通状态。不同直通参考矢量会导致Z源变换器具有不同的升压能力及产生不同的电压增益。

简单升压控制模式如图1-6 a所示,直通参考矢量大于等于三相调制波顶部包络线,或小于等于三相调制波底部包络线,此时最大直通占空比 $D_{max}=1-M$(M 为调制比),可见,调制比越大,直通占空比越小,当 $M=1$ 时,变换器工作于传统模式下。最大升压控制模式如图1-6 b所示,直通参考矢量正好等于三相调制波的顶部或底部包络线,所有传统零电压状态都被直通状态替代,此时最大直通占空比 D_{max} 显著提高,但该直通占空比中存在六倍频分量,从而导致Z源网络中存在低频纹波分量。最大恒定升压控制模式如图1-6 c所示,通过稍微更改最大升压控制模式时的直通参考矢量,即可实现每个开关周期内直通占空比保持恒定。

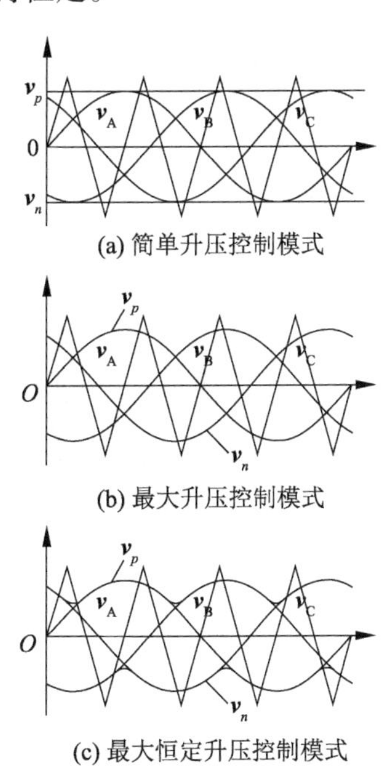

图1-6　基于SPWM的Z源变换器调制策略

（2）应用于 Z 源变换器的空间矢量脉宽调制策略

目前常见的应用于 Z 源变换器的空间矢量脉宽调制（SVPWM）策略通常是将直通矢量作用时间进行等分后插入传统七段式或五段式 SVPWM 的不同电压矢量之间。以在七段式 SVPWM 中插入直通矢量为例，根据插入式调整开关状态次数的不同可分为 ZSVPWM6、ZSVPWM4 及 ZSVPWM2 三种典型方式，分别对应一个控制周期内改变 6 次、4 次及 2 次开关状态。

ZSVPWM6 是将直通矢量作用时间 T_{sh} 均匀地插入七段式 SVPWM 的不同电压矢量之间，且每次插入时都会改变之前的开关状态，使其提前开通或延迟关闭，如图 1-7 所示。与传统 SVPWM 相比，ZSVPWM6 要抢先或滞后一定时间，直通状态的总时间间隔被平均分配至每个开关周期的 6 个切换时刻。该方案的特点是一个周期内的最大直通占空比与前文所述的最大升压控制相同。

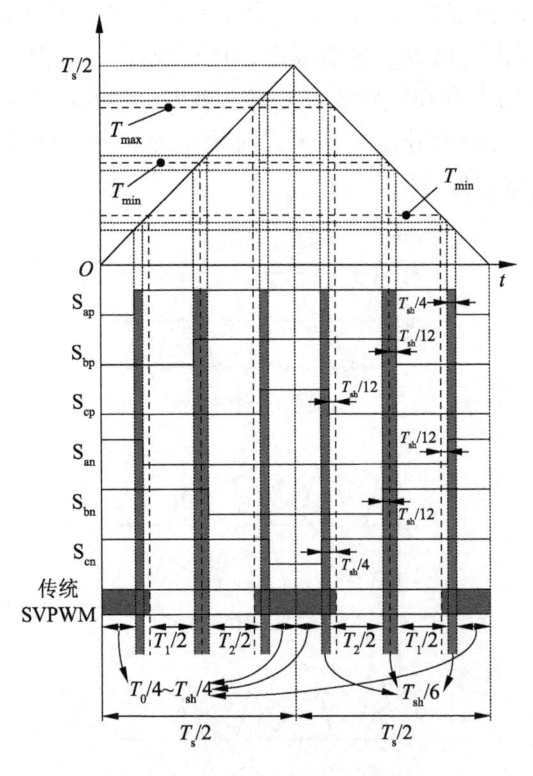

图 1-7　ZSVPWM6 的开关切换顺序

ZSVPWM4 的开关切换顺序如图 1-8 所示。与 ZSVPWM6 相比，ZSVPWM4 也是将直通矢量作用时间 T_{sh} 均匀地插入七段式 SVPWM 的不同电压矢量之间,但一个控制周期内只改变 4 次之前的开关状态。该方法能有效降低器件开关动作次数,但相应的最大直通占空比较 ZSVPWM6 有所降低。

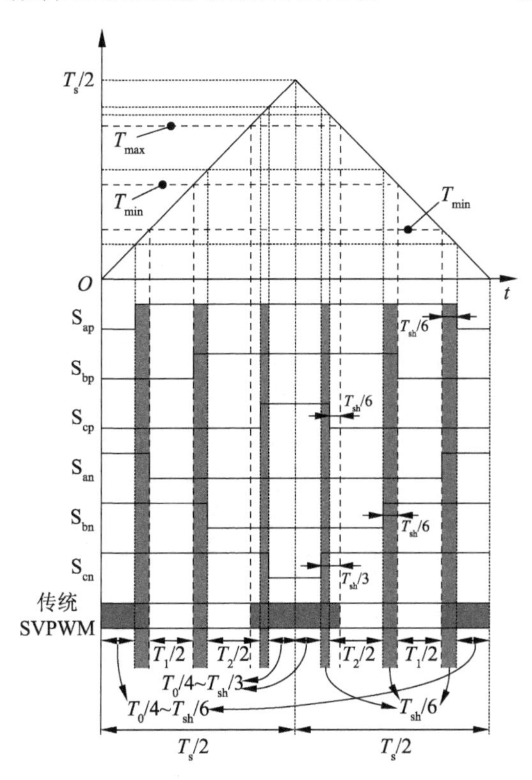

图 1-8　ZSVPWM4 的开关切换顺序

与 ZSVPWM6 和 ZSVPWM4 不同的是,ZSVPWM2 中的直通矢量作用时间不是均分插入的,而是将上桥臂对应的 T_{max} 超前 $T_{sh}/4$ 时间,下桥臂对应的 T_{min} 滞后 $T_{sh}/4$ 时间。因此,ZSVPWM2 方法在一个控制周期内只改变 2 次之前的开关状态,将总直通时间间隔分为了 4 个部分(见图 1-9),并且 ZSVPWM2 的最大直通占空比与 ZSVPWM6 相同。

有学者分别从开关器件的平均开关频率、Z 源网络电感电流纹波和装置效率等方面综合比较了上述三种 ZSVPWM 方式,结果显示:ZSVPWM6 和 ZSVPWM2 在具有更低的电感电流纹波的同时具有更高的效率。

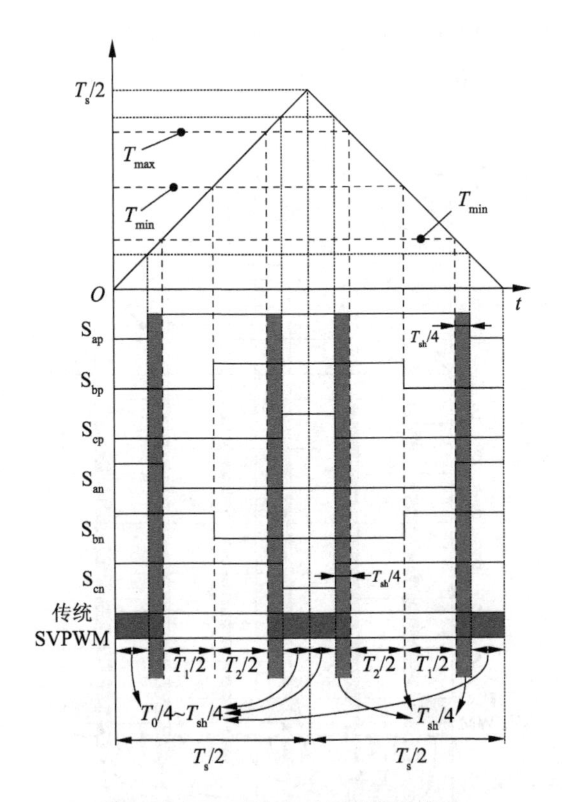

图 1-9　ZSVPWM2 的开关切换顺序

(3) 应用于 Z 源变换器的可变开关频率调制策略

上述在传统 SPWM、SVPWM 基础上发展起来的适用于 Z 源变换器的调制策略都属于固定开关频率模式，此时变换器输出谐波分布固定。除以上调制策略外，近年来研究广泛的模型预测控制（model predictive control, MPC）策略也在 Z 源变换器的研究中有了一定应用。将 MPC 策略与传统 SVPWM 策略相结合的调制方法，既体现了 MPC 策略无需扇区判断、动态性能良好的优点，又保留了 SVPWM 输出谐波分布固定、易于滤波处理的优点。目前采用 MPC 调制的 Z 源变换器已应用于永磁同步电机的驱动系统，并取得了良好效果。

1.2.1.4　Z 源变换器的典型应用

Z 源网络是一类可应用于 AC/AC、DC/DC、DC/AC 的通用性网络，Z 源网络与不同结构组合而成的 Z 源变换器作为一种新型电力电子变换器，近年来在新能源并网、不间断电源以及电机驱动中得到了广泛应用。有学者通过分析基于 Z 源变换器和准 Z 源变换器的光伏并网系统的工作原理，设计了一种新颖的电容电压恒压控制策略，实现了该并网系统的闭环控制和最大功率点跟踪。有学者综合提出了可以同时实现最大功率点跟踪、Z源阻抗网络升压以及良好并网性能的三闭环控制策略。有学者研究了一种适用于单相Z源光伏并网变换器的变直通占空比扰动观测方法，实现了并网变换器的稳定运行。有学者通过在Z源网络中增加二极管来解决光伏并网变换器的漏电流问题。还有学者以Z源变换器为并网接口装置，在提高系统抗干扰能力方面进行了深入研究。

除了在新能源并网方面的应用外，近年来国内外学者对Z源变换器在电机驱动相关领域的应用也作了诸多研究。例如，利用Z源变换器的宽输出电压范围特性来满足永磁同步电机的宽速运行，解决永磁同步电机只能进行弱磁升速的问题；研究Z源变换器应用于电动汽车电驱动系统时的母线电压控制问题；以准Z源逆变器-永磁同步电机系统为研究对象，致力于研究能有效提升驱动系统运行性能和可靠性的新型控制方法，从母线电压控制、单电流传感器以及无位置传感器控制等方面展开深入研究；以准Z源逆变器驱动永磁同步电机系统为研究对象，从数学模型建立、准Z源逆变器调制策略以及母线电压控制等方面展开研究；为实现能量的双向流动，研究了一类双向准Z源逆变器驱动永磁同步电机系统，并将模型预测控制方法引入电机电流控制中，通过电感电流代价函数来决定直通状态插入与否，为Z源/准Z源变换器驱动电机系统的控制研究提供了新思路；提出了一种能应用于准Z源逆变器-永磁同步电机系统的电流传感器比例误差平衡方法，利用由直通状态中采样电流替代零矢量状态中电流的采样方法，进行电流传感器比例误差校正，有效消除了高调制区的采样盲区，在拓宽电机运行范围的同时保证了运行有效性；针对准Z源逆变器直流链电压泵升时存在的固有问题，在理论分析的基础上给出了直流电压跌落判断及抑制方法，以有效防止直流电路跌落、提升装置性能。

1.2.2　永磁同步电机的国内外研究现状

永磁同步电机的主磁场由转子永磁体提供，无需额外的励磁回路，因此具有转子损耗小、定子铜耗和铁耗小、功率因数高、转换效率高、体积小、响应速度快等优点。近年来，随着材料科学和制造技术的飞速发展，特别是新型稀土永磁材料的出现，永磁同步电机在家用电器（空调、洗衣机等）、高端数控机床、电力交通设备以及航空航天等各军工业领域得到了广泛应用。考虑到电机在运行过程中容易受温升、振动、磁饱和等环境影响，导致电机参数发生变化而影响电机的控制性能，需要对其进行有效的参数辨识。本节主要从永磁同步电机的控制技术及参数辨识方法两个角度展开国内外研究现状的文献综述。

1.2.2.1 永磁同步电机的控制技术

电机电流环的控制性能直接影响输出电磁转矩响应及稳定精度。目前国内外针对永磁同步电机电流环的研究大致可分为三类:一是常规比例积分(proportional integral,PI)调节及其改进策略;二是预测控制及其改进形式;三是其他先进控制策略。

(1) 常规PI调节及其改进策略

PI调节是永磁同步电机电流环控制中最为常见的一种形式,为提高电流环的控制性能,国内外学者在常规PI调节的基础上进行了一系列改进。有学者基于同步旋转坐标系设计了一种将比例积分和比例谐振(proportional resonance, PR)相结合的电流复合调节器,能够显著降低谐波电流成分,但其在设计过程中并未考虑数字采样延迟、逆变器非线性效应的影响。有学者采用在传统PI电流调节器上并联谐振调节器的方式来抑制电流谐波,同时考虑了数字控制延时对系统性能的影响,但其同样没有考虑逆变器非线性效应的影响,且控制器精度依赖于参数辨识准确性。也有学者在常规PI控制方式的基础上,采取在一个载波周期内双采样、双更新PWM输出的方式来扩展电流环带宽,以提高系统的动态响应能力。除此之外,国内外学者还深入对比分析了PI调节器的三种不同变形。

(2) 预测控制及其改进形式

基于模型预测的电流控制方法,根据受控对象模型,基于滚动优化原则不断进行电流误差优化,以实现良好的电流跟踪性能。目前此方法已广泛应用于各类变流器及交流传动系统中,但其存在以下几点局限:

① 依赖被控对象的参数辨识,对建模精准度要求极高;

② 滚动优化中各项权重因子并不唯一,主要依赖设计者的经验;

③ 算法的实现对采样频率、计算速度以及控制器的要求较高;

④ 预测控制中脉冲调制环节输出的开关频率不固定。

针对上述问题,国内外学者展开了一系列研究,以期改善基于模型预测的电流控制效果。有学者提出了一种无模型预测电流控制(model-free predictive current control, MFPCC)方式,该控制方式只用到了定子电流值与电流偏差值,有效避免了常规基于模型预测电流控制(model-based predictive current control, MBPCC)方式对电机参数的依赖性。有学者研究了一种非线性模型预测控制(nonlinear model predictive control, NMPC)方式,通过设计扰动观测器对参数不确定性造成的偏差进行估计并进行补偿。有学者提出了一种模型参考自适应控制(model reference adaptive control, MRAC)的预测电流控制方式,即采用 MRAC 对参数偏差造成的干扰进行估计并利用前向反馈方式进行补偿。还有学者研究了一种双重矢量预测算法,以电压跟踪为目标,避免了权重系数的设定。

近年来,国内学者针对永磁同步电机开展的预测电流控制也取得了良好成效。有学者针对传统预测电流控制存在的电机电感参数失配比敏感的问题,提出了一种改进无差拍预测控制算法,通过修改电流偏差约束条件和输出电压预测方法,实现了电感参数失配情况下的电流有效控制。有学者对上述方法进行了进一步的无差拍预测控制鲁棒性研究,并详细分析了电机模型参数误差对电流控制的影响,实现了预测控制中电流静差的消除。有学者针对逆变器非线性问题,在充分考虑电机电阻和电感参数不确定性的基础上,研究了一种自适应参数预测的非线性电压在线补偿策略,取得了良好成效。有学者提出了一种改进的预测控制方法和占空比更新策略,可有效降低系统参数敏感性,提高电流环动态性能。有学者利用相邻周期的两个预测模型相减来消除恒定项的方式,有效降低了对模型参数准确性的依赖,在实现对电流指令快速跟踪的同时避免了超调和振荡调整过程。也有学者采用提高参考电压计算式的方式,提升了电流增量预测控制策略对电感参数的适应性,获得了更加有效的控制。

(3) 其他先进控制策略

除上述两大类永磁伺服电机电流控制方式外,近年来随着控制理论的逐渐完善、计算机技术的不断发展,一些先进的控制理论被广泛应用于电机电流控制。例如:将分数阶 PID(proportional integral derivative)控制算法应用到交流伺服系统中,采用改进粒子群算法对控制器参数进行自整定;将滑模变结构控制应用到永磁伺服控制系统中;将滑模控制技术与自抗扰控制技术相结合,设计出电流环的滑模自抗扰控制器,实现交流永磁伺服电机系统的高精度控制。

1.2.2.2 永磁同步电机的参数辨识方法

电机在运行过程中容易受温升、振动、磁饱和等环境影响,导致电机参数(包括定子电阻、电机交直轴电感以及永磁体磁链等)发生变化,从而影响电机的控制性能。目前电机参数辨识方法主要分为离线辨识和在线辨识两大类。离线辨识方法主要用来辨识电机的初始参数值,其过程是先加载不同频率和幅值的电压或电流信号,再通过各种传感器检测出电机转速、电压、电流信息,结合电机数学模型进行数学运算后得到相应数据。常见的离线辨识方法有空载试验、堵转试验等。离线辨识虽然能够测量得到电机的初始值,但不能解决电机实际运行中的参数变化问题。为了获得良好的动态控制性能,需要对主要的电机参数进行在线辨识。目前常用的在线辨识方法可分为四大类,分别为最小二乘法、模型参考自适应法、扩展卡尔曼滤波法以及人工智能算法。

(1) 最小二乘法参数辨识

运用最小二乘法进行参数辨识时一般以电机为参考模型,通过建立最小二乘法辨识模型来计算观测值,并通过不断修正模型参数来使电机实际输出值与观测值之间差异的平方和最小,即实际输出值和模型输出值的误差最小。采用最小二乘法进行电机参数辨识的原理和结构都相对简单,但存在计算量大且结果易受噪声或波动影响等问题。与最小二乘法相比,递推最小二乘法具有误差小、精度高等优点,可实现永磁同步电机主要参数的在线辨识。针对递推最小二乘法参数辨识易受系统噪声、状态变化等影响,动态辨识效果不佳的问题,有学者在建立离散辨识模型的基础上研究了一种改进递推最小二乘法,通过在辨识过程中引入电流变化率的方式有效提高了参数的动态辨识效果。

(2) 模型参考自适应法参数辨识

模型参考自适应法(model reference adaptive system, MRAS)包含参考模型、可调模型和自适应律三个基本组成部分。运用 MRAS 控制系统进行电机参数辨识的基本框图如图 1-10 所示。

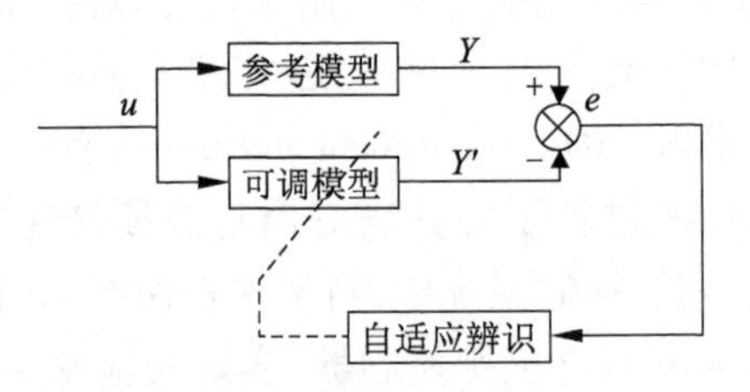

图 1-10　模型参考自适应结构框图

在实际辨识过程中,通常首先选择永磁同步电机作为参考模型,所选择的可调模型是指包含待辨识电机参数的状态方程;其次,根据参考模型与可调模型输出之间的偏差,选择合适的自适应律;最后,经过不断修正可调模型参数使得上述偏差为零,从而得到待辨识参数。基于 MRAS 的电机参数辨识方法的难点在于选择合适的自适应律。有学者研究了一种基于波波夫超稳定性理论的自适应律设计方法,成功辨识出了内埋式永磁同步电机的主要参数,但依然存在设计复杂问题。有学者以内埋式永磁同步电机为研究对象,研究了一种将 MRAS 与高频信号注入法相结合的电机参数辨识方法。有学者提出了一种基于改进 MRAS 的参数分步辨识方法,采用波波夫超稳定性理论设置自适应律并将电机参数分类分步辨识,具有一定的实用性。也有学者尝试将梯度下降法与传统 MRAS 相结合的分段辨识改进方法应用到电机参数辨识中,有效改善了辨识效果。

(3) 扩展卡尔曼滤波法参数辨识

扩展卡尔曼滤波(extended Kalman filter, EKF)法是在线性最小方差估计的基础上提出的一种递推计算方法,其基本思想是将非线性部分展开成泰勒级数并略去二阶以上的高阶项,从而将原始系统简化为线性系统。基于 EKF 法进行电机参数辨识可以有效滤除噪声干扰,辨识精度较高;但电机系统模型复杂、待辨识参数多,当在线进行多参数辨识时,EKF 法需要进行大量的矩阵计算,可能会导致辨识计算量过大。

(4) 人工智能算法参数辨识

基于人工智能算法的参数辨识方法是近年来的研究热点,主要有神经网络算法、遗传算法、粒子群算法等。有学者提出了一种应用于最大转矩电流比模型预测控制策略的神经网络参数辨识方法,结合参数分步辨识和循环更新方法,辨识效果良好。有学者在考虑逆变器非线性补偿的基础上,提出了一种变步长自适应线性神经网络电机参数辨识方法。有学者在同样考虑逆变器非线性补偿的基础上,研究了基于高频电压信号注入的电机参数在线辨识方法。有学者通过在传统自适应线性神经网络中加入动量项的方式来提高电机电感电阻以及磁链的辨识精度,且能提升辨识收敛性。

有学者结合内埋式永磁同步电机的凸极效应,提出了一种基于遗传算法的电机参数辨识方法。有学者在考虑电机强非线性特性的基础上,利用完全学习型粒子群的优势,研究了一种基于免疫完全学习型粒子群算法的电机多参数辨识方法。有学者分析了传统粒子群算法存在的计算量大、收敛时间长等问题,研究了一种能实现参数快速辨识的基于有效信息迭代的快速粒子群优化算法。此外,有学者额外考虑温度对参数辨识的影响,建立了考虑温度影响的待辨识参数模型:先采用实验方式得到待辨识参数与可测信号的关系,再利用双时间尺度随机逼近理论对关键参数进行在线辨识。

1.2.3 永磁同步电机的无位置传感器转子位置辨识

高性能电机控制系统无论是采用矢量控制策略、直接转矩控制策略,还是采用一些新型控制策略,都需要知道转子实时位置信息以实现闭环控制。

基于光电编码器、旋转编码器或霍尔位置传感器的位置检测方式,不仅会增加驱动系统的控制成本,而且存在信号检测处理复杂及可靠性问题。因此,研究电机无位置传感器转子位置检测方法具有重要的实际意义,这也是电机驱动控制领域的研究热点之一。从目前国内外针对电机无位置传感器转子位置的研究现状来看,研究难点主要有两个方面。一方面,很难用一种辨识方法实现电机宽调速范围内的转子位置辨识:基于反电势预估转子位置的方法,在电机低速和静止状态下的反电势幅值很小,故难以有效辨识低速或零速时的转子位置信息;而利用转子凸极特性的信号注入方法,当电机高速运行时电机凸极效应呈现非理想状态,因此无法有效辨识高速时的转子位置信息。另一方面,绝大部分无位置传感器转子位置辨识方法都会受到电机参数扰动的影响。

国内外现有的无位置传感器转子位置辨识方法可以分成两类:一类通过电机模型从反电动势或磁链中提取转子位置信息;另一类通过注入外部激励,利用电机凸极效应获取转子位置信息。考虑到电机运行在不同速度区间时的特性不同,无位置传感器转子位置辨识方法又可以分为适用于零速或低速段的方法以及适用于中高速段的方法。考虑到本书的研究对象是内埋式永磁同步电机,因此以下主要以 IPMSM 为例进行文献综述。

1.2.3.1 零速或低速段的电机无位置传感器转子位置辨识

现有的绝大多数适用于 IPMSM 零速或低速段位置辨识的方法,其基本思想都是利用电机本身的凸极特性。常用的方法主要有以下几种。

(1) 高频电压信号注入法

基于高频电压信号注入法的转子位置辨识的基本原理是利用电机的凸极特性,通过向电机定子绕组两端注入外部高频电压激励信号,提取包含转子磁极空间位置信息的高频电流信号,解调处理后得到转子的位置信息。该方法适用于凸极结构明显的电机,其位置辨识过程不依赖于电机基波数学模型,因此具有较好的鲁棒性,这是目前使用最多的一类零低速无位置传感器转子位置辨识方法;但该方法对信号检测精度及处理速度要求较高,且存在一些难以克服的动态响应受限问题,如数字滤波器的设计、交叉耦合、逆变器非线性影响等。

(2) 电流变化率检测法

基于电流变化率检测法的转子位置辨识充分利用了定子绕组自感与磁极位置之间的数学关系,通过在线检测电感间接获取了转子的位置信息。与高频电压信号注入法相比,该方法无须注入高频电压激励信号,可以避免注入信号引起的高频噪声及附加损耗;但该方法对电流信号采样要求较高,且要求电机定子电流具有较理想的正弦度。日本学者 Satoshi Ogasawara 最早通过电流变化率法进行转子位置信息辨识,中国台湾学者 Tian-Hua Liu 等对该方法在静止坐标系下的实现进行了深入研究。

1.2.3.2 中高速段的电机无位置传感器转子位置辨识

现有的绝大多数适用于 IPMSM 中高速段位置辨识的方法,其基本思想都是根据电机的反电势或磁链获取转子的位置信息。常用的方法主要有以下几种。

(1) 开环观测法

基于电压、电流模型开环观测法的转子位置辨识的基本原理是根据电机电压、磁链方程利用电机参数计算出转子位置和转速。该方法的算法简单,但非常依赖于电机参数,且积分计算容易产生积分漂移及初值问题,辨识精度不高。

(2) 模型参考自适应法

基于模型参考自适应法的转子位置辨识的基本原理是将含有转子位置信息的参数方程作为可调模型,将电机模型作为参考模型,根据稳定性理论建立转速估计的自适应机制,并通过李雅普诺夫或波波夫超稳定性理论来保证系统的稳定和快速收敛。模型参考自适应法对外界扰动有较强的鲁棒性,但由于永磁体的存在会产生一些新的问题而更多应用于感应电机中。

(3) 状态观测器法

基于状态观测器法的转子位置辨识的基本原理是利用电机本体模型(即电气方程和运动方程)来估计状态方程中的转速以及转子位置信息,并将估计得到的电流值与实际检测电流值的偏差作为反馈来调整待估位置信息的估计值。该方法稳定性好、鲁棒性强,但低速段效果不理想,且计算量大、算法复杂、参数不易整定。

(4) 滑模观测器法

基于滑模观测器法的转子位置辨识的基本原理是以电机定子电流为状态变量,定义实际电流与重构电流偏差为滑模切换面,当系统进入滑动模态后,定子电流状态变量及其一阶导数均等于零。此时,根据等效控制原理可知,经开关切换函数调制后的等效控制信号中包含了反电势信息,进而可提取出转子位置信息。这种方法结构简单,易于工程实现,但由于滑模变结构的不连续控制本质,该方法存在固有的高频抖振问题。

（5）卡尔曼滤波器法

基于卡尔曼滤波器法的转子位置辨识可以根据系统中存在的随机噪声实时在线最优估计出电机转子位置信息。该方法抗干扰能力强,但计算量大、工程实现难。

（6）人工智能法

人工智能法主要包含了人工神经网络、模糊控制和遗传算法等高端新颖的控制方法,这种方法是目前比较热门的研究方向。它所具备的高效性、稳定性及精确性都将对无位置传感器控制技术有重大的帮助。但是此类方法还不够成熟,在实际场景中的应用较少,硬件方面也需要提高,因此实用性还有待加强。

综合上述对内埋式永磁同步电机无位置传感器控制策略的现状分析,将各种无位置传感器控制方法的适用范围及优缺点整理如表1-1所示。

表1-1　内埋式永磁同步电机无位置传感器控制技术

无位置传感器控制技术	适用范围	优点	缺点
高频电压信号注入法	低速	易于系统实现、参数调节方便	信号检测精度要求高、有滞后、要求凸极性
电流变化率检测法	低速	无附加损耗、避免高频噪声	电流具有较理想正弦度、采样电路要求高
开环观测法	中高速	算法简单易实现	受参数变化及外部扰动影响大
模型参考自适应法	中高速	鲁棒性好、适用范围广	永磁体的使用需要考虑新问题
状态观测器法	中高速	稳定性好、鲁棒性强	计算量大、算法复杂、参数不易整定
滑模观测器法	中高速	结构简单、易于工程实现	存在高频抖振问题
卡尔曼滤波器法	中高速	动态性能好、抗干扰能力强	算法复杂、不易工程实现
人工智能法	中高速	动态性能好、自学习能力强	理论不完善、离工程应用距离远

1.2.3.3　无位置传感器控制技术存在的问题

经过多年的发展,无位置传感器控制技术在IPMSM矢量控制实际系统中取得了重大成果。电机在中高速段基本能够省去机械传感器,实现无位置传感器运行;但是在零速或低速段,无位置传感器控制技术估算精度及调速范围都很有限,而且算法复杂、动态响应性能下降,产品化道路还很漫长。现阶段无位置传感器控制技术主要存在下列问题。

① 电机低速运行时估计位置与实际位置误差大。由于低速时系统采集的信号中信噪比明显降低,所以基于模型法的无位置传感器控制方案,由于检测信号中噪声含量高,转子位置信息提取失败。

② 高频谐波及非线性问题。基于电机凸极性的低速无位置传感器控制技术,逆变器的非线性、多凸极效应以及空间耦合等因素造成的非理想的凸极效应严重影响了估计精度。另外,高频信号的注入给系统带来了新的高频噪声,影响了电压、电流信号的采集。

③ 初始位置检测问题。同步电机矢量控制系统需要进行转子初始位置检测,这也是实现无位置传感器全速段运行需要解决的一个重点问题。高频信号注入法虽然能够检测出磁极位置,但是不能直接辨识磁极极性,而且初始位置检测的方法计算复杂、响应缓慢。

④ 硬件要求苛刻。省去机械式编码器后,处理器需要耗费大量资源进行各种位置估计算法的计算。转子位置估计精度及动态响应速度受数字处理器性能影响明显。

针对上述问题,国内外学者致力于不断地突破与改进。有学者针对滑模观测器法存在的固有抖振问题展开了深入研究,通过设计不同的新型滑模变结构来尽可能地消除固有抖振现象。有学者深入研究了磁场交叉饱和效应对转子位置辨识的影响,提出了一种考虑交叉饱和效应的变角度方波电压注入的电机无位置传感器控制方法。有学者研究了一种能降低电机参数依赖性的适用于IPMSM的定子磁链间接计算转子位置辨识方法。有学者整合了脉振高频电压和定向脉冲电压的两步注入法,通过在不同速度采用不同方法、切换区域加权方式平滑过渡的方法,实现了电机全速范围内的有效转子位置辨识。有学者以高速永磁同步电机为研究对象,针对运行环境恶劣导致的参数扰动问题,研究了一种基于电机参数在线修正的转子位置辨识方法。有学者针对永磁同步电机的初始转子位置信息获取问题,研究了一种基于等宽电压脉冲注入的初始位置检测方法,并通过多台电机驱动系统得到了有效性验证。

1.3 研究内容

本书以NPC型Z源三电平变换器驱动内埋式永磁同步电机为研究对象,

以驱动系统高性能运行为研究目标，主要内容包括以下三方面：第一，对 NPC 型 Z 源三电平变换器驱动 IPMSM 系统进行数学建模，给出适合的变换器调制策略；第二，针对 IPMSM 运行过程中的电机参数扰动、变换器非线性因素影响，研究电机主要参数的在线辨识方法，探索高效的变换器非线性补偿策略；第三，对 IPMSM 运行在零速或低速时的无位置传感器转子位置辨识展开研究，并给出解决方案。

本书将主要从以下几个方面展开具体研究：

① 第 2 章首先建立 IPMSM 的数学模型，以电机定子电阻、交轴电感、直轴电感和转子永磁体磁链四个参数为待辨识参数，研究一种基于 Adaline 神经网络的参数在线辨识方法；其次，针对待辨识参数多而导致的电压方程欠秩问题，提出采用短时间注入负电流 i_d 的方程扩张方法，通过 LMS 误差算法进行神经网络的权值系数在线调整，实现主要参数的高精度在线辨识；最后，给出适用于 IPMSM 的 MTPA 控制方法。

② 第 3 章为拓宽驱动变换器的输出电压范围，以 NPC 型 Z 源三电平变换器为研究对象，首先进行变换器工作原理分析；其次研究能减轻传统 SVPWM 调制计算复杂问题的线电压坐标系 SVPWM 调制策略，并给出不增加额外开关损耗的 Z 源变换器直通状态插入方法；最后，研究将 MPC 与 SVPWM 相结合的适用于 Z 源变换器的新型调制方法，通过将滚动优化中的电流寻优替换成电压寻优的方式来提高算法执行效率。

③ 第 4 章首先分析变换器非线性因素对变换器输出电流谐波性能的影响，同时分析传统 SDFT 算法提取电流谐波存在的滞后及动态性能不佳问题；其次，在分析 SDFT 提取谐波信号本质的基础上，通过重新设计 SDFT 传递函数的方式，提出一种广义 SDFT 算法，该算法不仅能维持 SDFT 算法谐波提取的准确性，还能提升谐波提取效率；最后，将所提取的实时电流谐波分量转换成谐波补偿电压，从而实现变换器非线性特征的实时、有效补偿。

④ 第 5 章为提高 IPMSM 在零速或低速时的转子位置辨识精度，首先理论推导高频电压激励下的电机数学模型；其次引入广义 SDFT 算法进行高频感应电流信号的幅值提取，实现转子位置信息的有效辨识；最后，研究基于凸极效应和广义 SDFT 算法的转子初始位置角的辨识方法，解决电机零低速时的转子位置有效获取问题。

⑤ 第 6 章主要介绍 NPC 型 Z 源三电平变换器 IPMSM 驱动系统带磁粉制动器负载的实验装置，完成实验方案设计，并进行相关实验验证。

第2章　内埋式永磁同步电机的数学模型及其参数辨识

内埋式永磁同步电机在运行过程中容易受温升、振动、磁饱和等环境影响,导致电机参数发生变化,从而影响电机的控制性能。此外,常见的参数辨识方法都会用到电机实际电流信息,传感器检测环节的噪声、偏置等也会影响电机参数的辨识效果。本章旨在在分析电机模型的基础上,研究内埋式永磁同步电机主要参数的在线辨识方法,并以此为基础给出基于最大转矩电流比的电机控制策略。

本章2.1节给出了电机在自然坐标系及同步旋转坐标系下的数学模型。2.2节在分析Adaline神经网络工作原理的基础上,研究了基于Adaline神经网络的电机参数在线辨识方法,解决了参数辨识中电压方程的欠秩问题,实现了电机定子电阻R_s、交轴电感L_q、直轴电感L_d、转子永磁体磁链ψ_f这四项参数的在线辨识。2.3节在电流测量误差影响分析的基础上研究了相应的补偿措施。2.4节简述了适用于内埋式永磁同步电机的最大转矩电流比的控制方法。2.5节对上述参数辨识方法进行了仿真验证。

2.1　内埋式永磁同步电机的数学模型

2.1.1　永磁同步电机的结构

永磁同步电机采用永磁体替代了转子的电励磁系统,省去了励磁绕组、集电环和电刷等部件,具有结构简单、控制方便等优点。永磁同步电机根据转子结构的不同,可以分为表贴式、嵌入式及内埋式三种类型,如图2-1所示。

表贴式永磁同步电机(SPMSM)的结构简单、转动惯量小,在生产生活中使用较为广泛;而内埋式永磁同步电机(IPMSM)的转子磁链不对称,磁阻转矩的出现能进一步提高电机的功率。因此,相较于表贴式永磁同步电机,内埋式永磁同步电机具有更高的功率密度,更适合应用在电动汽车等宽转速要求范围。本书选用内埋式永磁同步电机作为驱动对象。

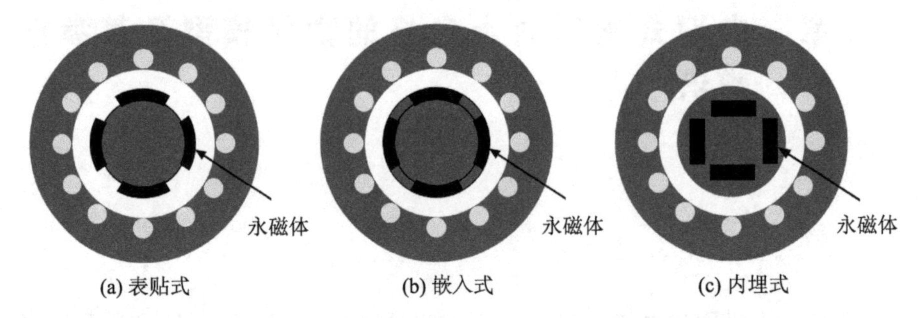

图 2-1　永磁同步电机的结构类型

2.1.2　自然坐标系下的数学模型

在对电机进行建模的过程中,为简化分析过程,首先假设下列条件成立:

① 忽略电机涡流及磁滞损耗;

② 忽略电机铁心饱和;

③ 永磁体内部的磁导率与空气相同,电导率为零;

④ 永磁体产生的励磁磁场和相绕组产生的电枢反应磁场在气隙中呈正弦分布;

⑤ 各相绕组对称布置,且相绕组的感应电动势是正弦曲线。

在满足上述假设的基础上,内埋式永磁同步电机在 ABC 三相静止坐标系下的电压方程为

$$\begin{bmatrix} u_{\mathrm{A}} \\ u_{\mathrm{B}} \\ u_{\mathrm{C}} \end{bmatrix} = \begin{bmatrix} R_{\mathrm{s}} & 0 & 0 \\ 0 & R_{\mathrm{s}} & 0 \\ 0 & 0 & R_{\mathrm{s}} \end{bmatrix} \begin{bmatrix} i_{\mathrm{A}} \\ i_{\mathrm{B}} \\ i_{\mathrm{C}} \end{bmatrix} + \frac{\mathrm{d}}{\mathrm{d}t} \begin{bmatrix} \psi_{\mathrm{A}} \\ \psi_{\mathrm{B}} \\ \psi_{\mathrm{C}} \end{bmatrix} \tag{2-1}$$

式中:u_{A}、u_{B}、u_{C} 为三相定子电压;i_{A}、i_{B}、i_{C} 为电机三相电流;R_{s} 为定子电阻;ψ_{A}、ψ_{B}、ψ_{C} 为三相绕组的磁链。

电机的磁链方程为

$$\begin{bmatrix} \psi_{\mathrm{A}} \\ \psi_{\mathrm{B}} \\ \psi_{\mathrm{C}} \end{bmatrix} = \begin{bmatrix} L_{\mathrm{AA}} & M_{\mathrm{AB}} & M_{\mathrm{AC}} \\ M_{\mathrm{BA}} & L_{\mathrm{BB}} & M_{\mathrm{BC}} \\ M_{\mathrm{CA}} & M_{\mathrm{CB}} & L_{\mathrm{CC}} \end{bmatrix} \begin{bmatrix} i_{\mathrm{A}} \\ i_{\mathrm{B}} \\ i_{\mathrm{C}} \end{bmatrix} + \begin{bmatrix} \cos\theta \\ \cos(\theta-2\pi/3) \\ \cos(\theta+2\pi/3) \end{bmatrix} \psi_{\mathrm{f}} \tag{2-2}$$

式中:L_{AA}、L_{BB}、L_{CC} 分别是各相绕组的自感;M_{AB}、M_{AC}、M_{BA}、M_{BC}、M_{CA}、M_{CB} 分别是各相绕组之间的互感;ψ_{f} 为转子永磁体磁链;θ 为转子位置角。

电机的转矩方程为

$$J\frac{\mathrm{d}\omega_{\mathrm{m}}}{\mathrm{d}t} = T_{\mathrm{e}} - T_{\mathrm{L}} - B\omega_{\mathrm{m}} \tag{2-3}$$

式中：J 为转动惯量；ω_{m} 为电机的机械角速度；T_{e} 为电机电磁转矩；T_{L} 为负载转矩；B 为阻尼系数。

根据上述各表达式可知，三相静止坐标系下的电机数学模型较为复杂，是典型的多变量、强耦合的非线性系统，为了便于后期控制系统的设计，需对其进行坐标变换及解耦分析。

2.1.3　同步旋转坐标系下的数学模型

为了简化自然坐标系下三相 PMSM 的数学模型，采用的坐标变换通常包括静止坐标变换（Clark 变换）与同步旋转坐标变换（Park 变换）。

（1）Clark 变换

把 ABC 三相静止坐标系变换到两相静止坐标系（$\alpha\beta$ 坐标系）的坐标变换称为 Clark 变换。i_{A}、i_{B}、i_{C} 可利用式(2-4)变换成 $\alpha\beta$ 坐标系下的 i_α、i_β。

$$\begin{bmatrix} i_\alpha \\ i_\beta \end{bmatrix} = \frac{2}{3}\begin{bmatrix} 1 & -\frac{1}{2} & -\frac{1}{2} \\ 0 & \frac{\sqrt{3}}{2} & -\frac{\sqrt{3}}{2} \end{bmatrix}\begin{bmatrix} i_{\mathrm{A}} \\ i_{\mathrm{B}} \\ i_{\mathrm{C}} \end{bmatrix} \tag{2-4}$$

将两相静止坐标系变换到 ABC 三相静止坐标系的坐标变换称为反 Clark 变换。式(2-4)的反变换为

$$\begin{bmatrix} i_{\mathrm{A}} \\ i_{\mathrm{B}} \\ i_{\mathrm{C}} \end{bmatrix} = \frac{2}{3}\begin{bmatrix} 1 & 0 \\ -\frac{1}{2} & \frac{\sqrt{3}}{2} \\ -\frac{1}{2} & -\frac{\sqrt{3}}{2} \end{bmatrix}\begin{bmatrix} i_\alpha \\ i_\beta \end{bmatrix} \tag{2-5}$$

以上简单分析了自然坐标系中的变量与静止坐标系中的变量之间的关系，变换矩阵前的系数为 2/3，是以幅值不变为约束条件得到的。若没有特别说明，本书均采用幅值不变作为约束条件。

（2）Park 变换

把两相静止坐标系（$\alpha\beta$ 坐标系）变换到两相同步旋转坐标系（dq 坐标系）的坐标变换称为 Park 变换。i_α、i_β 可以通过式(2-6)变换成同步旋转坐标系下的 i_d、i_q。

$$\begin{bmatrix} i_d \\ i_q \end{bmatrix} = \begin{bmatrix} \cos\theta_{\mathrm{e}} & \sin\theta_{\mathrm{e}} \\ -\sin\theta_{\mathrm{e}} & \cos\theta_{\mathrm{e}} \end{bmatrix}\begin{bmatrix} i_\alpha \\ i_\beta \end{bmatrix} \tag{2-6}$$

将两相同步旋转坐标系（dq 坐标系）变换到两相静止坐标系（$\alpha\beta$ 坐标系）的坐标变换称为反 Park 变换。式(2-6)的反变换为

$$\begin{bmatrix} i_\alpha \\ i_\beta \end{bmatrix} = \begin{bmatrix} \cos\theta_e & -\sin\theta_e \\ \sin\theta_e & \cos\theta_e \end{bmatrix} \begin{bmatrix} i_d \\ i_q \end{bmatrix} \tag{2-7}$$

以上的坐标变换过程同样也遵循幅值不变的原理。

三种坐标系之间的关系如图 2-2 所示。从图中可知,α 轴与 A 轴重合,θ_e 表示 α 轴与 d 轴之间的角度,dq 坐标系以 ω_e 大小的电角速度旋转。由于经过 dq 坐标系的电流为直流量,因此经过 Park 变换后可以把电机处于三相静止坐标系下的数学模型作为直流电机来进行分析。

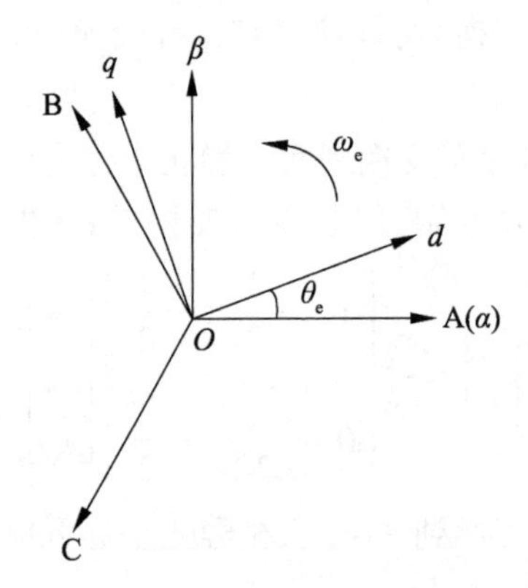

图 2-2　三种坐标系之间的关系

依照前文的解析,可得 dq 坐标系下的内埋式永磁同步电机的定子电压方程为

$$\begin{cases} u_d = R_s i_d + \dfrac{d\psi_d}{dt} - \omega_e \psi_q \\ u_q = R_s i_q + \dfrac{d\psi_q}{dt} + \omega_e \psi_d \end{cases} \tag{2-8}$$

磁链方程为

$$\begin{cases} \psi_d = L_d i_d + \psi_f \\ \psi_q = L_q i_q \end{cases} \tag{2-9}$$

把式(2-9)代入式(2-8),可得

$$\begin{cases} u_d = R_s i_d + L_d \dfrac{d}{dt} i_d - \omega_e L_q i_q \\ u_q = R_s i_q + L_q \dfrac{d}{dt} i_q + \omega_e L_d i_d + \omega_e \psi_f \end{cases} \tag{2-10}$$

式中:u_d、u_q 分别为 d 轴和 q 轴定子电压分量;i_d、i_q 分别为 d 轴和 q 轴定子电流分量;ψ_d、ψ_q 分别为 d 轴和 q 轴定子磁链分量;L_d、L_q 分别为对应的直轴和

交轴电感；ψ_f 为转子永磁体磁链。

电磁转矩方程为

$$T_e = \frac{3}{2} p_n i_q [i_d (L_d - L_q) + \psi_f] \tag{2-11}$$

式中：p_n 是电机的极对数。

考虑到内埋式永磁同步电机的直轴电感不等于交轴电感，即 $L_d \neq L_q$，除了定子电流与永磁体之间会产生的电磁转矩外，转子的磁链不对称性还会产生磁阻转矩。因此，不仅可以利用磁阻转矩来增加电机的输出转矩，还可以拓宽电机的调速范围。

2.2　基于 Adaline 神经网络的电机参数辨识

电机在实际运行过程中受周围环境、温度及磁饱和等因素影响，电机参数随之发生变化，进而直接影响电机的运行性能。电机参数的准确辨识对电机高性能运行有重要影响。因此，以内埋式永磁同步电机的定子电阻 R_s、交轴电感 L_q、直轴电感 L_d、转子永磁体磁链 ψ_f 四个参数为主要辨识对象，对其开展合适的参数在线辨识研究。考虑到自适应线性神经网络（adaline neural network，ANN）算法模型较符合电机的数学模型，且具有很好的逼近能力、自适应与自学习能力，以及计算过程相对简单、易于数字化实现等特点，故选择 ANN 作为参数辨识的主要方法。

2.2.1　Adaline 神经网络的工作原理

神经网络算法是计算机网络系统对生物学系统的一种学习，是模仿生物学中神经网络的一种智能计算的方法。网络上的每个节点相当于一个神经元，可以记忆并处理一定的信息。求解一个问题就是向神经网络的某个节点输送信息，这个节点处理信息后再向其他的节点输出，其他节点接收信息并处理后再输出，依次类推，直到整个神经网络处理结束，输出最后的结果。ANN 的学习规则是通过不断地调节网络的权重值和阈值来使得误差最小。图 2-3 为最基本的三输入的神经网络结构图。

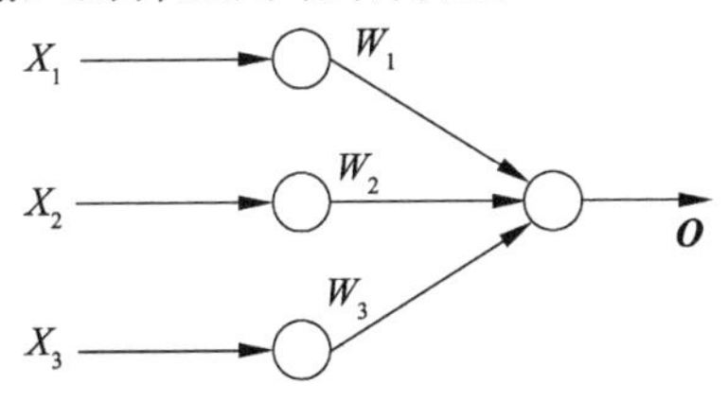

图 2-3　三输入的神经网络结构图

输入层与输出层之间的关系为

$$\boldsymbol{O}(W_i,X_i)=\boldsymbol{WX}=\sum_{i=0}^{3}W_iX_i \tag{2-12}$$

式中：$\boldsymbol{X}=[X_1,X_2,X_3]^{\mathrm{T}}$ 是输入矢量；$\boldsymbol{W}=[W_1,W_2,W_3]$ 是权值矢量；$\boldsymbol{O}(W_i, X_i)$ 是输出矢量。

由式(2-12)可知，神经网络的输出表达式是一个线性函数，输出结果可以通过不断调节权值的大小来改变。图 2-4 为基于神经网络算法的参数辨识系统框图。

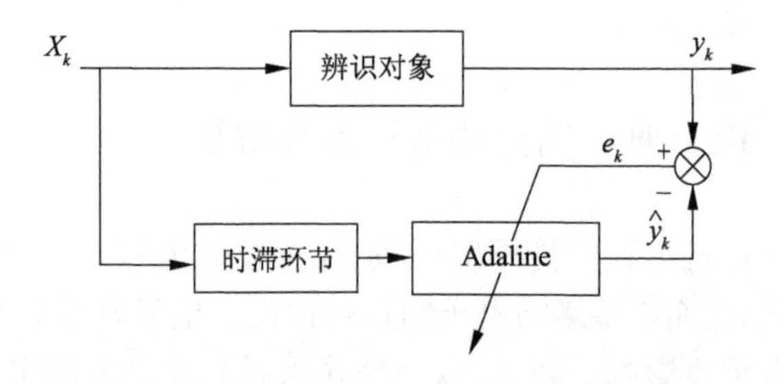

图 2-4　基于神经网络算法的参数辨识系统框图

从图 2-4 可以看出，线性神经网络的参数辨识系统包括两个部分：辨识对象和神经网络算法。辨识的具体过程如下：① 设置神经网络和辨识对象的输出是同一个矢量，并且将要辨识的量设置为神经网络的权值；② 将神经网络模型的输出值与实际系统的输出值进行比较，然后通过误差和设定好的权值调整规则不断调节权值的大小，使得神经网络输出值无限逼近于实际系统的输出值，这样最终训练得到的权值就是系统所需要的辨识结果。

在神经网络识别算法中，权重系数调整是一个非常重要的步骤，它直接影响着识别算法的动态性和收敛性。下面将推导适用于本书电机参数辨识的合适权值系数训练方法。

在设计 ANN 算法时，设定均方误差(mean square error, MSE)为权值系数自适应学习的目标函数，其表达式为

$$\begin{aligned}\mathrm{MSE}&=E\left[\frac{1}{2}\boldsymbol{e}_k^2\right]\\&=\frac{1}{2}E[\boldsymbol{y}_k^2]-E[\boldsymbol{y}_k\boldsymbol{X}_k^{\mathrm{T}}]\boldsymbol{W}+\frac{1}{2}\boldsymbol{W}^{\mathrm{T}}E[\boldsymbol{X}_k\boldsymbol{X}_k^{\mathrm{T}}]\boldsymbol{W}\end{aligned} \tag{2-13}$$

式中：$\boldsymbol{y}_k$ 为第 k 步实际系统输出；$\boldsymbol{e}_k$ 为 $\boldsymbol{y}_k$ 与 $\hat{\boldsymbol{y}}_k$ 的误差值，其中 $\hat{\boldsymbol{y}}_k$ 为神经网络模型输出。三者之间的关系式为

$$\boldsymbol{e}_k=\boldsymbol{y}_k-\hat{\boldsymbol{y}}_k=\boldsymbol{y}_k-\boldsymbol{X}_k^{\mathrm{T}}\boldsymbol{W} \tag{2-14}$$

令

$$E[\boldsymbol{y}_k\boldsymbol{X}_k^{\mathrm{T}}]=E\begin{bmatrix}\boldsymbol{y}_kx_k\\ \boldsymbol{y}_kx_{k-1}\\ \vdots\\ \boldsymbol{y}_kx_{k-n}\end{bmatrix}=\boldsymbol{P} \tag{2-15}$$

$$E[\boldsymbol{X}_k\boldsymbol{X}_k^{\mathrm{T}}]=\begin{bmatrix}x_kx_k & x_kx_{k-1}\\ x_{k-1}x_k & x_{k-1}x_{k-1}\\ \vdots & \vdots\end{bmatrix}=\boldsymbol{R} \tag{2-16}$$

则均方误差 MSE 可表示为

$$\mathrm{MSE}=\frac{1}{2}E[\boldsymbol{y}_k^2]-\boldsymbol{P}\boldsymbol{W}+\frac{1}{2}\boldsymbol{W}^{\mathrm{T}}\boldsymbol{R}\boldsymbol{W} \tag{2-17}$$

由上式可以看出,均方误差目标函数是关于权值系数的二次函数,理论上存在一个极小值,极小值点可以利用梯度法获得:

$$\boldsymbol{g}_{\mathrm{MSE}}=\frac{\partial(\mathrm{MSE})}{\partial\boldsymbol{W}}=-\boldsymbol{P}+\boldsymbol{R}\boldsymbol{W} \tag{2-18}$$

令 $\boldsymbol{g}_{\mathrm{MSE}}=\boldsymbol{0}$,可以求出理想的权值系数为

$$\boldsymbol{W}^*=\boldsymbol{R}^{-1}\boldsymbol{P} \tag{2-19}$$

上述求解过程只是一个理论推导过程,由于 $\boldsymbol{R}$ 和 $\boldsymbol{P}$ 是统计意义上的量,在实际应用中基本不能找到,并且难以使用上述方法在实际应用中获得适当的权值,因此,在实际应用中,经常会用最小均方误差(least mean square error, LMSE)算法来学习和调整系统的权重。

LMSE 算法是基于梯度法的最快下降算法。梯度值 $\boldsymbol{g}$ 是某一时刻对 MSE 的梯度估计,具体值可以不用统计平均值求得,只需要通过单一数据样本 $\boldsymbol{X}_k$ 和 $\boldsymbol{e}_k$ 即可获得,如式(2-20)所示。

$$\boldsymbol{g}=\frac{\partial\left(\frac{1}{2}\boldsymbol{e}_k^2\right)}{\partial\boldsymbol{W}}=\boldsymbol{e}_k\frac{\partial\boldsymbol{e}_k}{\partial\boldsymbol{W}}=-\boldsymbol{e}_k\boldsymbol{X}_k \tag{2-20}$$

令 $d(k)$ 为实际参考模型目标输出,而 μ 是权重的收敛速率因子,则基于 LMSE 的相应权重调整算法为

$$W_i(k+1)=W_i(k)+2\mu X_i(d(k)-\boldsymbol{O}) \tag{2-21}$$

为了满足系统稳定和收敛的条件, μ 的取值范围为

$$0<\mu<\frac{1}{\mathrm{tr}\boldsymbol{R}} \tag{2-22}$$

式中：$\mathrm{tr}\boldsymbol{R}$ 是 $\boldsymbol{R}$ 的最大特征值。

采用 Adaline 神经网络的权重调整算法，每次迭代的计算都很简单，只需要少量的加法、减法和乘法运算。该算法有如下优点：第一，在确保收敛速度的同时，可以使计算量变小；第二，ANN 算法本身具有自适应滤波能力，并且通过改变收敛速率因子 μ 的大小，就可以减弱采样信号中的谐波和干扰，确保输出识别结果是平滑的理想收敛曲线，这样就可以减少电机电流的滤波处理，使辨识系统更为简洁。

2.2.2 基于 Adaline 神经网络的电机参数辨识

下面根据前文介绍的 Adaline 神经网络识别系统的基本概念，设计能够有效辨识电机参数的在线辨识系统。首先，以内埋式永磁同步电机为辨识模型；其次，通过 LMS 算法在线调整 ANN 的权值系数，直至电机输出量与 ANN 输出量的偏差接近零；最后，实现电机参数的在线辨识。基于 Adaline 神经网络的电机参数在线辨识系统的原理如图 2-5 所示。

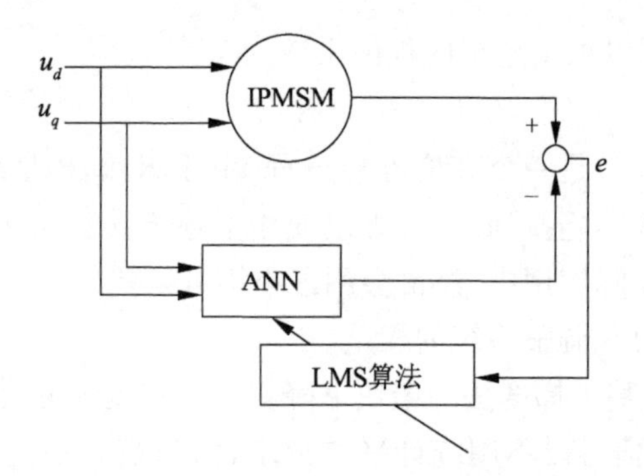

图 2-5 基于 Adaline 神经网络的电机参数在线辨识系统原理框图

将前文中永磁同步电机在 dq 坐标系下的稳态电压方程进行离散化，可得

$$\begin{cases}u_d(k)=R_s(k)i_d(k)-L_q(k)\omega_e(k)i_q(k)\\u_q(k)=R_s(k)i_q(k)+L_d(k)\omega_e(k)i_d(k)+\psi_f(k)\omega_e(k)\end{cases} \tag{2-23}$$

式(2-23)所示稳态电压方程可以看作一个 4 个未知数(R_s、L_d、L_q、ψ_f)、2 组方程的欠秩系统，因此无法满足在线同时辨识出 4 个未知数的要求。为了解决这个问题，本书提出了在短时间内注入一个负电流 i_d 的方法，此时电机在 dq 坐标系下的电压方程可以写成包含 4 个方程式的方程组，如式(2-24)所示。

$$\begin{cases}u_d(k)=R_s(k)i_d(k)-L_q(k)\omega_e(k)i_q(k)\\u_q(k)=R_s(k)i_q(k)+L_d(k)\omega_e(k)i_d(k)+\psi_f(k)\omega_e(k)\\u_{d1}(k)=R_{s1}(k)i_{d1}(k)-L_{q1}(k)\omega_{e1}(k)i_{q1}(k)\\u_{q1}(k)=R_{s1}(k)i_{q1}(k)+L_{d1}(k)\omega_{e1}(k)i_{d1}(k)+\psi_{f1}(k)\omega_{e1}(k)\end{cases}\tag{2-24}$$

下标有“1”标号的表示注入 $i_d<0$ 控制模式下的变量和参数，下标无“1”标号的表示正常控制模式下的变量和参数。由于负电流 i_d 注入的时间很短，可以认为电机的参数和稳态变量在此时间内不发生改变，那么下列关系式被认为是成立的：$R_s(k)=R_{s1}(k)$，$L_d(k)=L_{d1}(k)$，$L_q(k)=L_{q1}(k)$，$\omega_e(k)=\omega_{e1}(k)$，$\psi_{f1}(k)=\psi_f(k)$。

从式(2-24)中的第 1 式和第 3 式可以得到

$$\begin{cases}u_{d1}(k)i_q(k)-u_d(k)i_{q1}(k)=R_s(k)[i_{d1}(k)i_q(k)-i_d(k)i_{q1}(k)]\\u_{d1}(k)i_d(k)-u_d(k)i_{d1}(k)=L_q(k)\omega_e(k)[i_{q1}(k)i_d(k)-i_q(k)i_{d1}(k)]\end{cases}\tag{2-25}$$

根据 2.2.1 节中关于神经网络输入层与输出层之间的关系定义，令 $d_1(k)=u_{d1}(k)i_q(k)-u_d(k)i_{q1}(k)$ 为神经网络的输出矢量，$X_1=i_{d1}(k)i_q(k)-i_d(k)i_{q1}(k)$ 为神经网络输入矢量，$W_1=R_s(k)$ 为神经网络的权值系数。通过 LMS 算法对 Adaline 神经网络的权值系数进行动态调整，即可最终辨识出电机的电阻值 R_s。

同样地，令 $d_2(k)=u_{d1}(k)i_d(k)-u_d(k)i_{d1}(k)$ 为神经网络的输出矢量，$X_2=\omega_e(k)[i_{q1}(k)i_d(k)-i_q(k)i_{d1}(k)]$ 为神经网络输入矢量，$W_2=L_q(k)$ 为神经网络的权值系数，即可完成电机交轴电感 L_q 的辨识。

利用同样的方法处理式(2-24)中的第 2 式和第 4 式，即可完成对电机直轴电感 L_d 及转子永磁体磁链 ψ_f 的在线辨识。

2.3　电流测量误差影响分析及补偿

通过式(2-24)、式(2-25)进行参数辨识时都用到了定子电流的实际信息，在实际采用 LEM 等传感器对电流进行检测时，不仅易受高频噪声干扰，还会存在直流偏移以及增益不平衡等问题，进而影响电机参数的辨识精度。

2.3.1　电流测量误差分析

考虑直流偏移及增益不平衡现象的定子电流采样值可表述为

$$\begin{cases}i_{sA\_AD}=k_Ai_{sA}+\Delta I_{sA\_off}=k_AI\cos(\omega t)+\Delta I_{sA\_off}\\i_{sB\_AD}=k_Bi_{sB}+\Delta I_{sB\_off}=k_BI\cos\left(\omega t-\dfrac{2\pi}{3}\right)+\Delta I_{sB\_off}\end{cases}\tag{2-26}$$

式中：i_{sA_AD} 与 i_{sB_AD} 分别是 A、B 两相定子电流的实际采样值；i_{sA} 与 i_{sB} 为理想电流值；k_A 与 k_B 是对应的电流增益；ΔI_{sA_off} 与 ΔI_{sB_off} 为电流的直流偏移量；ω 为定子电流的角频率分量；I 为理想电流幅度。

假设三相定子电流平衡，则由式(2-26)可得对应各相的电流偏差为

$$\begin{cases}\Delta i_{sA}=i_{sA\_AD}-i_{sA}=(k_A-1)\,i_{sA}+\Delta I_{sA\_off}\\ \Delta i_{sB}=i_{sB\_AD}-i_{sB}=(k_B-1)\,i_{sB}+\Delta I_{sB\_off}\\ \Delta i_{sC}=i_{sC\_AD}-i_{sC}=(1-k_A)\,i_{sA}+(1-k_B)\,i_{sB}-\Delta I_{sA\_off}-\Delta I_{sB\_off}\end{cases} \tag{2-27}$$

由于在进行电机参数辨识时用到的是两相旋转 dq 坐标系下的方程，因此将式(2-27)所述的电流偏差进一步转换到 dq 坐标系下，则有

$$\begin{cases}\Delta i_{sd}=I_{off}\cos(\omega t-\varphi_{d\_off})+I_{neg}\cos\left(2\omega t-\dfrac{\pi}{6}\right)+\Delta I_{sd}\\ \Delta i_{sq}=I_{off}\cos(\omega t-\varphi_{q\_off})+I_{neg}\cos\left(2\omega t+\dfrac{\pi}{3}\right)+\Delta I_{sq}\end{cases} \tag{2-28}$$

式中：

$$I_{off}=\sqrt{\Delta I_{sA\_off}^2+\left[\frac{(\Delta I_{sA\_off}+2\Delta I_{sB\_off})}{\sqrt{3}}\right]^2};\quad I_{neg}=\sqrt{\left[\frac{(k_A-k_B)\,I}{2}\right]^2+\left[\frac{(k_A-k_B)\,I}{2\sqrt{3}}\right]^2};$$

$$\varphi_{d\_off}=\operatorname{arccot}\left(\frac{\Delta I_{sA\_off}+2\Delta I_{sB\_off}}{\Delta I_{sA\_off}}\right);\quad \varphi_{q\_off}=\operatorname{arccot}\left(\frac{\Delta I_{sA\_off}}{\Delta I_{sA\_off}+2\Delta I_{sB\_off}}\right);$$

$$\Delta I_{sd}=\frac{(k_A+k_B-2)\,I}{2};\quad \Delta I_{sq}=\frac{(k_A+k_B)\,I}{2\sqrt{3}}。$$

由式(2-28)可知，d 轴、q 轴电流的测量误差中分别包含 ω 与 2ω 脉动成分以及直流成分，意味着电机参数的辨识结果会受影响。

2.3.2 电流测量误差的补偿

考虑到电流测量误差在 d 轴、q 轴体现为 ω 与 2ω 脉动成分以及直流成分，因此在滤除直流成分后通过设计合适的谐振观测器（resonant observer，RTO）来实现 ω 与 2ω 脉动成分的滤除，对应的传递函数如式(2-29)所示，对应的频率响应则如图 2-6 所示。

$$\begin{cases}\mathrm{RTO}_{\omega}(s)=\dfrac{k_r\omega_{cut}s}{s^2+2\omega_{cut}s+\omega^2}\\ \mathrm{RTO}_{2\omega}(s)=\dfrac{k_r\omega_{cut}s}{s^2+2\omega_{cut}s+(2\omega)^2}\end{cases} \tag{2-29}$$

式中：ω_{cut} 为截止频率；k_r 为 RTO 的增益。

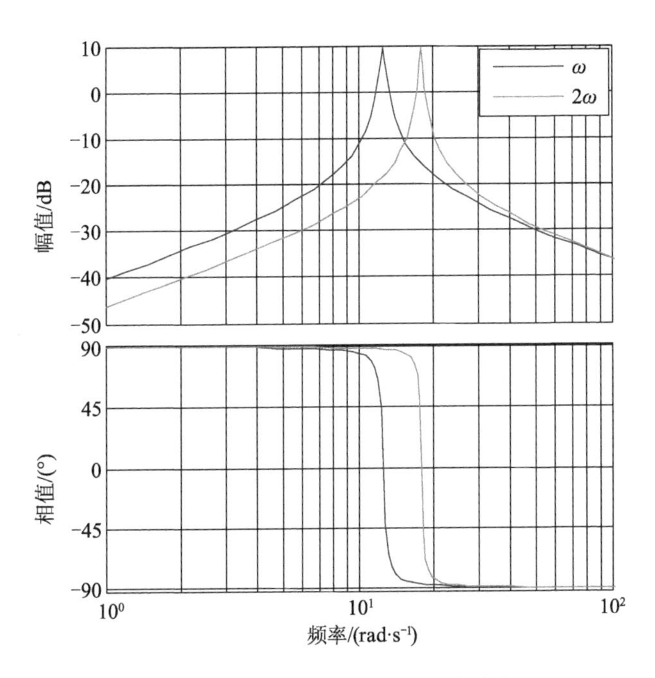

图 2-6　RTO$_\omega$ 与 RTO$_{2\omega}$ 的频率响应

考虑电流测量误差补偿的电机参数在线辨识系统的原理如图 2-7 所示。

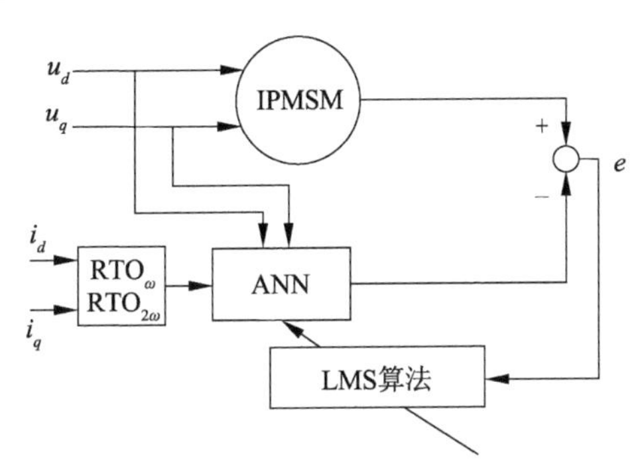

图 2-7　考虑电流测量误差补偿的电机参数在线辨识系统原理框图

2.4　内埋式永磁同步电机的最大转矩电流比控制

内埋式永磁同步电机的结构决定了其具有更高的功率密度，进而具有更强的带载能力和增速能力。为充分利用电机的磁阻转矩，最大限度地提高电机运行效率，本书研究了基于最大转矩电流比（maximum torque per ampere，

MTPA)的电机控制策略。

一般来说,当驱动变换器的直流侧电压确定后,变换器可输出的最大定子电压 $u_{s,max}$ 也被限制了;考虑到电机运行的涡流效应,此时所允许的定子绕组最大电流 $i_{s,max}$ 也是恒定的。因此,当电机采用 MTPA 控制时,定子电压、电流会有以下约束条件:

$$\begin{cases}(L_q i_q)^2+(L_d i_d+\psi_f)^2 \leqslant \left(\dfrac{u_{s,max}}{\omega_e}\right)^2 \\ (i_d^2+i_q)^2 \leqslant i_{s,max}^2\end{cases} \tag{2-30}$$

MTPA 控制的本质是使电机输出最大转矩时对应的定子电流最小,因此采用拉格朗日求极值法对式(2-30)求极值。结合式(2-11)所示的电磁转矩方程,构造函数的表达式为

$$L(i_d,i_q,\lambda)=\sqrt{i_d^2+i_q^2}-\lambda\{T_e-[\psi_f i_q+(L_d-L_q)i_d i_q]\} \tag{2-31}$$

对式(2-31)所示函数进行求偏导运算,并令其偏导均等于0,可得

$$\begin{cases}\dfrac{\partial L(i_d,i_q,\lambda)}{\partial i_d}=\dfrac{i_d}{\sqrt{i_d^2+i_q^2}}+\lambda[(L_d-L_q)i_q]=0 \\ \dfrac{\partial L(i_d,i_q,\lambda)}{\partial i_q}=\dfrac{i_q}{\sqrt{i_d^2+i_q^2}}+\lambda[\psi_f+(L_d-L_q)i_d]=0 \\ \dfrac{\partial L(i_d,i_q,\lambda)}{\partial \lambda}=-\{T_e-[\psi_f i_q+(L_d-L_q)i_d i_q]\}=0\end{cases} \tag{2-32}$$

通过求解式(2-32),最终可以求得 MTPA 控制下对应的 d 轴、q 轴的电流分量为

$$\begin{cases}i_d=\dfrac{-\psi_f+\sqrt{\psi_f^2+8(L_d-L_q)^2 i_{s,max}^2}}{4(L_d-L_q)} \\ i_q=\sqrt{i_{s,max}^2-L_d^2}\end{cases} \tag{2-33}$$

由式(2-33)可得 i_d、i_q 和转矩 T_e 的关系,即可求出输出恒定的转矩所需要的最小的 i_d 和 i_q。

结合2.2节至2.4节的内容,基于 MTPA 的电机控制方案及对应的参数辨识仿真如图2-8所示。

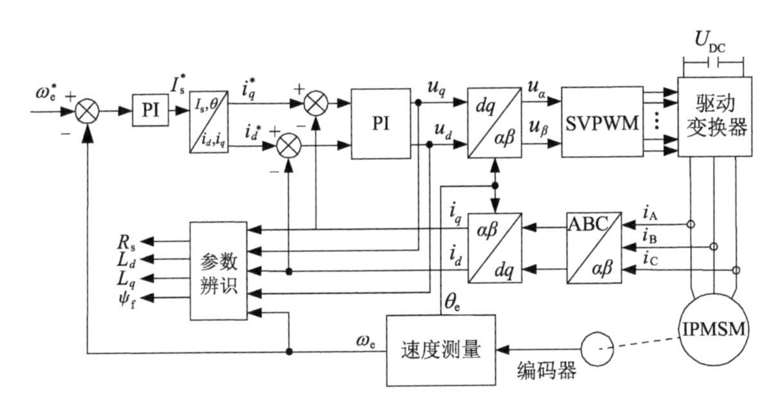

图 2-8　电机参数在线辨识的仿真框图

首先，通过传感器测量及坐标变换，得到定子电压、电流的 d 轴、q 轴分量——u_d 和 u_q、i_d 和 i_q；其次，通过测速装置得到电机转子转速 ω_e；再其次，编写基于 Adaline 神经网络的参数辨识代码，实现电机定子电阻 R_s、交轴电感 L_q、直轴电感 L_d、转子永磁体磁链 ψ_f 参数的在线辨识；最后，编写 MTPA 实现程序，完成电机整体控制。

2.5　仿真分析

2.5.1　参数辨识仿真分析

基于 MATLAB 仿真软件搭建基于 Adaline 神经网络的电机参数在线辨识仿真模型，进行参数辨识仿真分析。仿真使用的电机参数如表 2-1 所示，电机以 5 N · m 的恒转矩启动运转，转速给定为 1000 r/min，短时间注入的负 i_d 电流为-5 A，时间为 1 s。不考虑电流测量误差，根据参数在线辨识方法，辨识出来的电机 R_s、L_d、L_q、ψ_f 参数分别如图 2-9 所示。

表 2-1　仿真使用的永磁同步电机参数

参数	值
额定功率	0. 75 kW
额定转速	3000 r/min
额定转矩	2. 4 N · m
定子电阻	0. 9 Ω
直轴电感	2. 68 mH
交轴电感	6. 7 mH

续表

参数	值
极对数	4
转子永磁体磁链	0.175 Wb
转动惯量	0.00012 kg·m^2

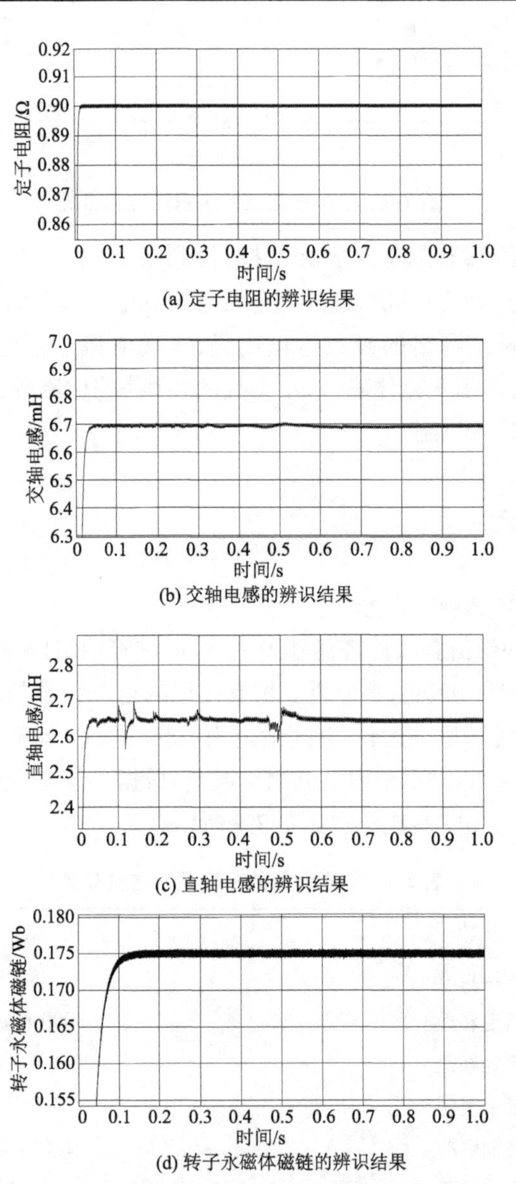

(a) 定子电阻的辨识结果

(b) 交轴电感的辨识结果

(c) 直轴电感的辨识结果

(d) 转子永磁体磁链的辨识结果

图 2-9　电机参数的在线辨识结果

从仿真结果的波形可以看出，电机参数辨识方法能够快速跟踪实际参数值，并且波动很小。通过该方法仿真出来的辨识结果误差如表 2-2 所示，通过表中数据可知，辨识结果误差在 2%以内。

表 2-2　参数辨识结果误差

参数	实际值	辨识结果	相对误差
定子电阻	0.9 Ω	0.902 Ω	0.22%
直轴电感	2.68 mH	2.65 mH	1.12%
交轴电感	6.7 mH	6.68 mH	0.30%
转子永磁体磁链	0.175 Wb	0.1747 Wb	0.17%

2.5.2　基于 MPTA 的电机控制仿真分析

将初始转速设定为 1000 r/min，0.05 s 和 0.10 s 时分别加载 2 N · m 的负载，仿真结果如图 2-10 所示。

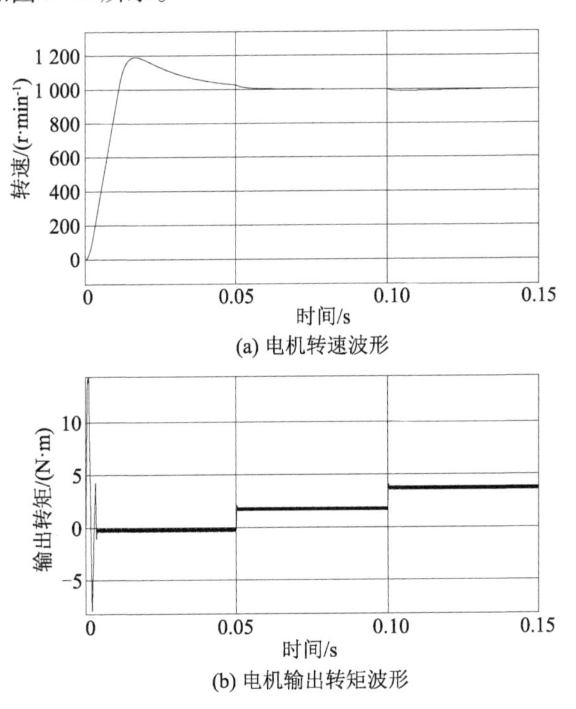

(a) 电机转速波形

(b) 电机输出转矩波形

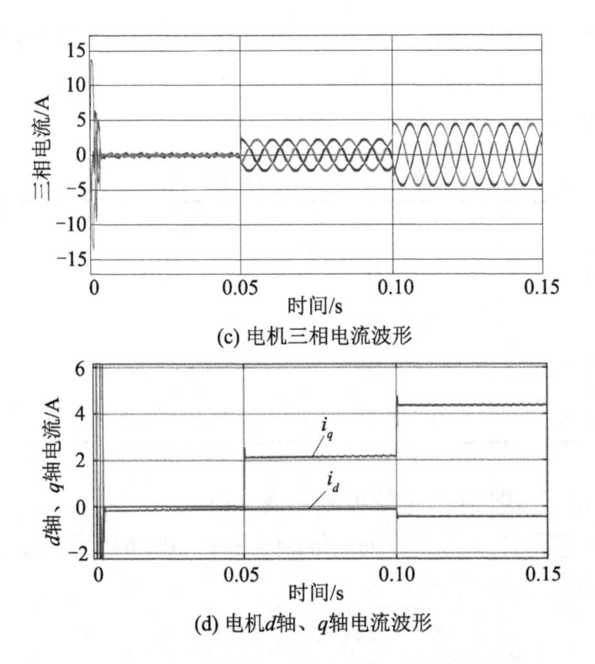

(c) 电机三相电流波形

(d) 电机d轴、q轴电流波形

图 2-10　基于 MPTA 的电机控制波形

由图 2-10 可以看出,电机转速可以快速达到给定值,响应速度很快,并且在突加负载后,转速有微小的降落后能迅速回到稳定值;输出转矩直线上升,迅速达到给定值;三相电流呈较好的正弦波形;i_d、i_q 波形与输出转矩一致。以上分析表明,IPMSM 矢量控制系统响应快,启动过程中转矩脉动小,转速上升平稳,鲁棒性好,有良好的动静态性能。

2.6　本章小结

本章旨在对所研究的内埋式永磁同步电机进行主要参数的在线辨识及电机控制算法研究,以期为后续实际电机高性能控制奠定基础,主要包括如下工作:

① 建立了内埋式永磁同步电机在三相坐标系及同步旋转坐标系下的数学模型。

② 研究了基于 Adaline 神经网络进行参数辨识的工作原理,设计了基于 LMS 算法的神经网络权值系数在线调整方法。针对被辨识参数过多导致的电压方程欠秩问题,提出了采用短时间注入负电流 i_d 的方法进行电压方程扩张,并实现了电机定子电阻 R_s、交轴电感 L_q、直轴电感 L_d、转子永磁体磁链 ψ_f

这四项参数的在线辨识。

③ 分析了电流测量误差对参数辨识的影响,并设计了基于谐振观测器的测量误差补偿方法。

④ 研究了适用于内埋式永磁同步电机的最大转矩电流比控制方法,给出了 d 轴、q 轴给定电流的计算方法。

⑤ 基于 MATLAB 仿真环境搭建了相应的仿真模型,完成了电机参数在线辨识的可行性与有效性验证。

第 3 章　NPC 型 Z 源三电平变换器的拓扑结构及调制策略

NPC 型三电平变换器广泛应用于大规模新能源并网、大功率交流传动等工业领域。当 NPC 型三电平变换器应用于交流传动系统时,其本身的降压特征会导致输出电压下降,从而影响电机宽范围调速。为确保变换器能安全工作,传统三电平变换器各桥臂上下开关管工作时必须设置死区,这也会影响变换器的输出性能;而 Z 源变换器允许同一桥臂直通,可实现变换器的升压功能。因此,本章在传统 NPC 型三电平变换器中引入了 Z 源网络,在分析其工作原理的基础上开展适用的调制算法研究。

本章 3.1 节给出了 NPC 型 Z 源三电平变换器的拓扑结构,并对其工作原理进行了深入分析,推导出了对应的数学模型。3.2 节基于传统三电平 SVPWM 算法,研究了能简化三角运算的基于线电压坐标系的三电平 SVPWM 算法,并提出了适合的直通状态插入方式;为确保 NPC 型 Z 源三电平变换器的正常运行,理论分析了直通状态的插入对变换器中点电位的影响,明确了上下直通插入占空比相同时直通状态不会影响中点电位平衡控制的控制方法。3.3 节将模型预测控制算法引入 NPC 型 Z 源三电平变换器的调制控制中,针对传统模型预测电流控制计算复杂问题,采用预测电压方式简化算法,以期在确保变换器的输出性能的同时进一步提升算法执行效率;同时将中点电位偏差引入滚动优化目标函数中进行平衡控制。3.4 节针对简化模型预测控制进行了仿真分析,在验证本章所设计调制算法有效性的同时为其工程应用提供了理论基础。

3.1　NPC 型 Z 源三电平变换器的拓扑结构及工作原理

3.1.1　拓扑结构

图 3-1 所示为 NPC 型 Z 源三电平变换器的拓扑结构。其中,U_{DC1}、U_{DC2} 为两个独立的直流电源,$U_{DC1}=U_{DC2}=U_{DC}$;直流电源与传统 NPC 型三电平变换器之间级联了一个阻抗网络(“X”网络),形成了 NPC 型 Z 源三电平变换器。假设此 Z 源网络中,$L_1=L_2=L$,$C_1=C_2=C$,两个直流电源的连接点为中点 O,且

与三相桥臂的箝位中点相连，即零电位。此Z源三电平变换器可输出三种电平（U_P、U_O 和 U_N），分别记为1,0,-1。

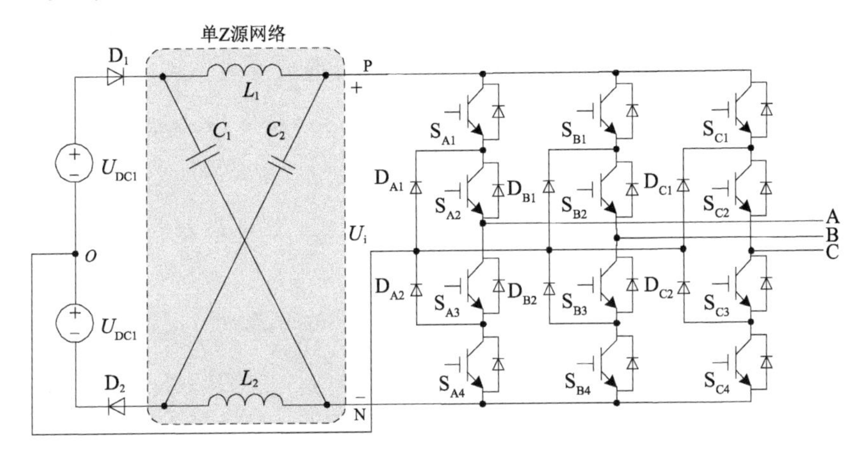

图3-1 NPC型Z源三电平变换器的拓扑结构

NPC型Z源三电平变换器可正常工作于三种状态：非直通状态、上直通状态和下直通状态。

（1）非直通状态

NPC型Z源三电平变换器工作于非直通状态时的等效电路如图3-2 a所示，此时输入二极管 D_1、D_2 均导通，三相负载及变换电路在一个开关周期内可等效为两个电源。此时，由KVL定律可得

$$\begin{cases}U_C=2U_{\mathrm{DC}}-U_L\\U_{\mathrm{i}}=U_C-U_L\\U_P=U_{\mathrm{i}}/2\\U_O=0\\U_N=-U_{\mathrm{i}}/2\end{cases}\tag{3-1}$$

（2）上直通状态

NPC型Z源三电平变换器工作于上直通状态时的等效电路如图3-2 b所示，此时输入二极管 D_1 导通、D_2 反向截止，三相负载及变换电路在一个开关周期内可等效为一个电源。同样由KVL定律可得

$$\begin{cases}U_L=U_{\mathrm{DC}}\\U_{\mathrm{i}}=U_C-U_L\\U_P=U_O=0\\U_N=-U_{\mathrm{i}}\end{cases}\tag{3-2}$$

（3）下直通状态

NPC 型 Z 源三电平变换器工作于下直通状态时的等效电路如图 3-2 c 所示，此时输入二极管 D_1 反向截止、D_2 导通，三相负载及变换电路在一个开关周期内可等效为一个电源。同样由 KVL 定律可得

$$\begin{cases} U_L = U_{DC} \\ U_i = U_C - U_L \\ U_P = U_i \\ U_N = U_O = 0 \end{cases} \tag{3-3}$$

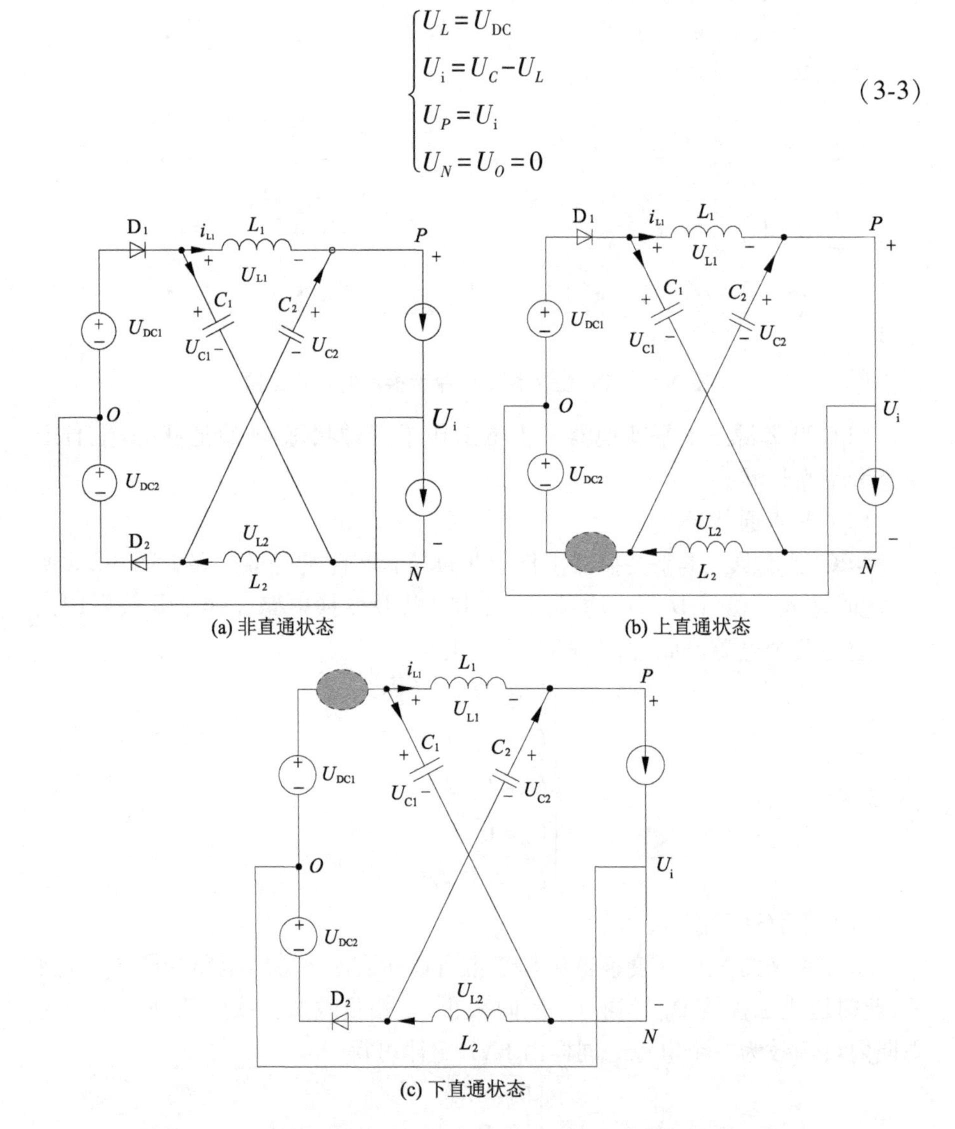

图 3-2　NPC 型 Z 源三电平变换器工作于不同状态时的等效电路

根据上述状态，将各工作模式中开关管导通状态及桥臂输出电压整理如表 3-1 所示。

表 3-1　NPC 型 Z 源三电平变换器的工作模式

工作模式	导通的开关器件	输出电压
非直通 1	S_{x1}、S_{x2}、D_1、D_2	$U_i/2$
非直通 0	S_{x2}、S_{x3}、D_1、D_2	0
非直通-1	S_{x3}、S_{x4}、D_1、D_2	$-U_i/2$
上直通 U	S_{x1}、S_{x2}、S_{x3}、D_1	0 或$-U_i$
下直通 D	S_{x2}、S_{x3}、S_{x4}、D_2	0 或 U_i

注：x=A,B,C。

3.1.2　工作原理

假定 NPC 型 Z 源三电平变换器在一个开关周期 T_s 内，上直通状态维持时间为 T_{sh_U}，下直通状态维持时间为 T_{sh_D}。为了减小 Z 源变换器三相输出交流电压的谐波含量，应使 Z 源网络输出电压在上、下直通时保持相等，即需要保证上、下直通状态维持时间相等，满足

$$T_{sh\_U}=T_{sh\_D}=T_{sh} \tag{3-4}$$

图 3-1 所示 NPC 型 Z 源三电平变换器工作于稳定状态时，Z 源网络电感 L_1、L_2 两端电压在一个开关周期内的平均值为零，由式(3-1)～式(3-3)可得

$$2U_{DC}\cdot T_{sh}+(2U_{DC}-U_C)\cdot(T_s-2T_{sh})=0 \tag{3-5}$$

求解式(3-5)，可得电容电压 U_C 与直流电源电压 U_{DC} 的关系为

$$U_C=\frac{T_s-T_{sh}}{T_s-2T_{sh}}\cdot 2U_{DC}=\frac{1-T_{sh}/T_s}{1-2T_{sh}/T_s}\cdot 2U_{DC}=\frac{1-D}{1-2D}\cdot 2U_{DC} \tag{3-6}$$

式中：直通占空比 $D=T_{sh}/T_s$。

根据式(3-1)和式(3-6)，非直通状态时，Z 源网络输出电压 U_i 为

$$U_i=U_C-U_L=2(U_C-U_{DC})=2\left(\frac{1-D}{1-2D}\cdot 2U_{DC}-U_{DC}\right)=\frac{1}{1-2D}\cdot 2U_{DC} \tag{3-7}$$

同样地，上、下直通状态时，可由式(3-2)、式(3-3)及式(3-6)求解得到 Z 源网络输出电压 U_i 为

$$U_i=U_C-U_L=U_C-U_{DC}=\frac{1-D}{1-2D}\cdot 2U_{DC}-U_{DC}=\frac{1}{1-2D}U_{DC} \tag{3-8}$$

综合式(3-1)～式(3-3)以及式(3-7)、式(3-8)可知，NPC 型 Z 源三电平变换器上、下直通状态的插入使得 Z 源网络输出电压峰值大于其直流输入值，有效实现了升压。变换器在稳定状态下对应输出的三种电平满足以下关系：

$$U_P=\frac{U_{DC}}{1-2D};\ U_O=0;\ U_N=-\frac{U_{DC}}{1-2D} \tag{3-9}$$

因此,该 Z 源三电平变换器输出相电压峰值 U_x 为

$$U_x = M \cdot \frac{U_{DC}}{1-2D} = M \cdot H \cdot U_{DC},\ x = A, B, C \tag{3-10}$$

式中:M 为调制系数;$H=1/(1-2D)$,为变换器升压倍数。

由式(3-10)可知,Z 源网络结构能在降低系统硬件成本、体积与重量的同时,满足变换器宽范围电压输出性能。当变换器需要升压运行时,可令升压系数 $H>1$;当变换器需要降压运行时,可令 $H<1$。

3.2 基于线电压坐标系 SVPWM 的 NPC 型 Z 源三电平变换器调制算法

3.2.1 基于线电压坐标系的 SVPWM 算法

多电平变换器的脉冲宽度调制(PWM)主要可分为三大类:一是载波调制法;二是开关角直接调制法;三是基于模型预测算法的一类调制方法。传统的三电平 SVPWM 算法涉及较多的三角函数计算,会增加控制器的负担和程序占用的存储器空间,而基于线电压坐标系的 SVPWM 算法能在避免扇区判断的前提下,有效识别出合成参考电压矢量所需的开关状态组合以及对应的参考矢量作用时间。

(1) 矢量合成的基础

以图 3-3 所示的 NPC 型三电平变换器空间矢量分布中的第一扇区为例,并以参考电压矢量 $\boldsymbol{v}_0$ 为例进行矢量合成分析。

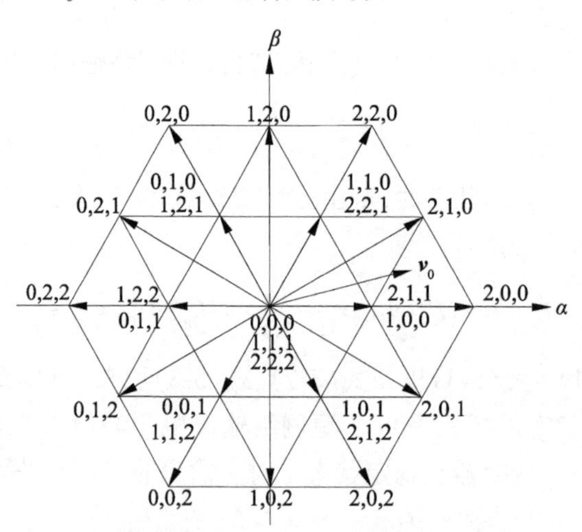

图 3-3 $\alpha\beta$ 坐标系下的空间矢量分布图

通过图 3-4 来解释矢量合成的基本原理,此时的参考电压矢量 $\boldsymbol{v}_0(x_0, y_0)$ 由电压矢量 $\boldsymbol{v}_1(x_1, y_1)$,$\boldsymbol{v}_2(x_2, y_2)$,$\boldsymbol{v}_3(x_3, y_3)$ 合成。

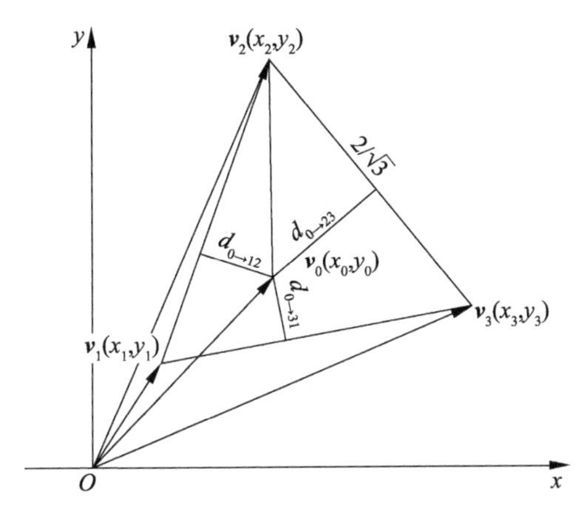

图 3-4　矢量合成的基础

根据伏秒平衡的原则,参考电压矢量 $\boldsymbol{v}_0$ 和合成电压矢量之间的关系为

$$\begin{cases}\boldsymbol{v}_0 = d_1\boldsymbol{v}_1 + d_2\boldsymbol{v}_2 + d_3\boldsymbol{v}_3 \\ d_1 + d_2 + d_3 = 1\end{cases} \tag{3-11}$$

式中:d_1、d_2、d_3 分别为各合成矢量作用的占空比,满足如式(3-12)所示的关系。

$$\begin{bmatrix} d_1 \\ d_2 \\ d_3 \end{bmatrix} = \begin{bmatrix} x_1 & x_2 & x_3 \\ y_1 & y_2 & y_3 \\ 1 & 1 & 1 \end{bmatrix}^{-1} \begin{bmatrix} x_0 \\ y_0 \\ 1 \end{bmatrix} \tag{3-12}$$

进一步,由图 3-4 与式(3-12)可得

$$\begin{cases} x_0(y_2-y_3)+y_0(x_3-x_2)+(x_2y_3-x_3y_2)=2A_{023} \\ x_0(y_3-y_1)+y_0(x_1-x_3)+(x_3y_1-x_1y_3)=2A_{031} \\ x_0(y_1-y_2)+y_0(x_2-x_1)+(x_1y_2-x_2y_1)=2A_{012} \\ (x_1y_2-x_2y_1)+(x_2y_3-x_3y_2)+(x_3y_1-x_1y_3)=2A_{123} \end{cases} \tag{3-13}$$

式中:A_{kmn} 是由合成矢量 $\boldsymbol{v}_k$、$\boldsymbol{v}_m$ 与 $\boldsymbol{v}_n$ 围成的面积。

将式(3-13)代入式(3-12),得

$$\begin{bmatrix} d_1 \\ d_2 \\ d_3 \end{bmatrix} = \frac{1}{A_{123}} \begin{bmatrix} A_{023} \\ A_{031} \\ A_{012} \end{bmatrix} \tag{3-14}$$

化简式(3-14)可得

$$\begin{bmatrix} d_1 \\ d_2 \\ d_3 \end{bmatrix} = \begin{bmatrix} d_{0\to23}/d_{1\to23} \\ d_{0\to31}/d_{2\to31} \\ d_{0\to12}/d_{3\to12} \end{bmatrix} \tag{3-15}$$

式中：$d_{k\to mn}$ 是从点(x_k, y_k)到点(x_m, y_m)和点(x_n, y_n)所确定的直线的距离。

分析式(3-14)可知，当采用三个基本矢量来合成参考电压矢量时，其中一个基本矢量的作用占空比等于参考电压矢量、其他两个基本矢量所包围面积与三个基本矢量所包围面积的比值。式(3-15)简化后，一个基本矢量的作用占空比可表述为，参考电压及该基本电压矢量到其余两个基本矢量终点所连直线的距离比值。

此外，由图3-4可知，三相三线制变换器系统在理想情况下三个基本矢量的终点所围成的三角形都是等边三角形，因此式(3-15)可进一步简化为

$$\begin{bmatrix} d_1 \\ d_2 \\ d_3 \end{bmatrix} = \begin{bmatrix} d_{0\to23} \\ d_{0\to31} \\ d_{0\to12} \end{bmatrix} \tag{3-16}$$

(2) 基于线电压坐标系的SVPWM算法的原理

由上述分析可知，由于三个基本矢量的终点所围成的三角形是等边三角形，若将此等边三角形边长标定为$2/\sqrt{3}$，则任一基本矢量的作用时间可进一步简化为参考电压矢量的终点到其余两个合成矢量终点所连直线的距离，即可方便地计算出基本矢量的占空比。

建立三相线电压坐标系如图3-5所示，由AB、BC、CA三个相差120°的坐标轴组成。由图可知，任何区域等边三角形的边都垂直于三个坐标轴其中之一。结合上述分析，基于线电压坐标系的SVPWM算法的实现过程可整理如下：

① 将两相旋转坐标系的d轴定位于线电压坐标系的AB轴，这样通过Park逆变换即可将dq坐标系下的电压转换到线电压坐标系下。

② 已知参考电压矢量后，先计算其在AB、BC、CA三相线电压坐标系下的投影，为便于计算，分别对投影采用floor和ceil函数进行向下、向上取整，如式(3-17)所示。

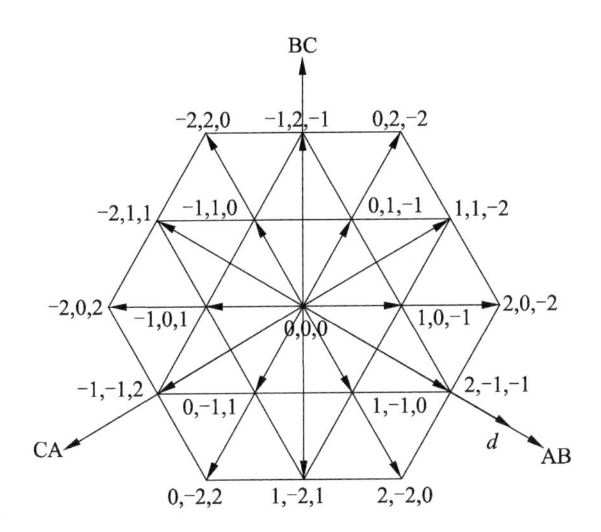

图 3-5　线电压坐标系 SVPWM 算法的示意图

$$\begin{cases} f_{\mathrm{AB}}=\mathrm{floor}(\boldsymbol{V}_{\mathrm{rAB}}),c_{\mathrm{AB}}=\mathrm{ceil}(\boldsymbol{V}_{\mathrm{rAB}}) \\ f_{\mathrm{BC}}=\mathrm{floor}(\boldsymbol{V}_{\mathrm{rBC}}),c_{\mathrm{BC}}=\mathrm{ceil}(\boldsymbol{V}_{\mathrm{rBC}}) \\ f_{\mathrm{CA}}=\mathrm{floor}(\boldsymbol{V}_{\mathrm{rCA}}),c_{\mathrm{CA}}=\mathrm{ceil}(\boldsymbol{V}_{\mathrm{rCA}}) \end{cases} \tag{3-17}$$

式中：$f_{\mathrm{AB}}+f_{\mathrm{BC}}+f_{\mathrm{CA}}\neq 0$；$c_{\mathrm{AB}}+c_{\mathrm{BC}}+c_{\mathrm{CA}}\neq 0$；$\boldsymbol{V}_{rxy}$ 为参考矢量 $\boldsymbol{V}_{\mathrm{r}}$ 在线电压坐标系下的投影。

③ 参考电压矢量投影取整后，其所在三角形区域即可确定，进而能确定合成该参考电压矢量的三个基本电压矢量。

④ 根据上述分析的基本电压矢量占空比计算方法，计算合成参考电压矢量的三个基本电压矢量的占空比，进而作用于变换器。

3.2.2　基于线电压坐标系 SVPWM 的 NPC 型 Z 源三电平变换器调制算法

将 3.2.1 中所述的线电压坐标系三电平 SVPWM 算法应用于 NPC 型 Z 源三电平变换器时，需要解决的关键问题是直通状态的插入，这不仅会决定变换器的升压性能，还会影响变换器的开关损耗及输出谐波特性。

与两电平变换器不同的是，Z 源三电平变换器的特点决定了直通状态既可以插入零矢量内，也可以插入有效矢量内。本书采用的方法是将上直通状态插入最大相调制信号与载波相交时刻的左侧，将下直通状态插入最小相调制信号与载波相交时刻的右侧，以期在不增加额外开关损耗的基础上得到考虑直通状态的脉宽调制信号。

同样以图 3-3 所示的第一扇区为例，将第一扇区划分为 4 个小三角形，如

图 3-6 所示，并以参考电压矢量位于三角形 3 为例进行直通状态插入分析。

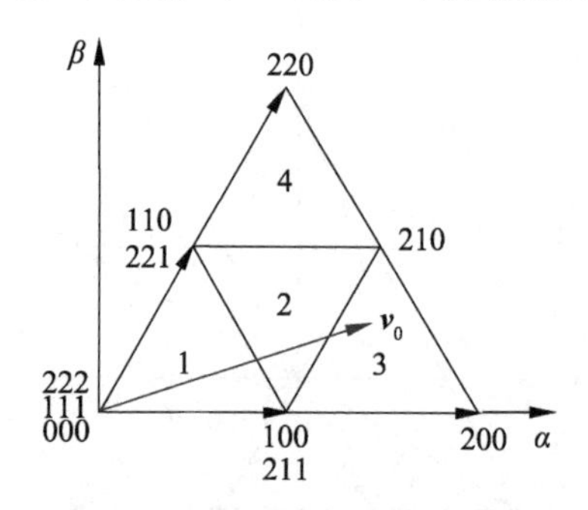

图 3-6　第一扇区的空间矢量分布

假设初始开关状态为“100”，即开关 S_{A2}、S_{A3}、S_{B3}、S_{B4} 及 S_{C3}、S_{C4} 导通。

① $t=t_1$，当开关状态从“100”切换至“200”时（此时对于 A 相来说，S_A 从状态“1”切换到“2”），通过提前导通 S_{A1} 的方式插入上直通状态，即 S_{A1}、S_{A2} 及 S_{A3} 导通，而 S_{A4} 关断，如图 3-7 所示。由于此时 B 相、C 相维持原有状态，故依旧满足伏秒平衡原则。

② $t=t_2$，当开关状态从“200”切换至“210”时（此时对于 B 相来说，S_B 从状态“0”切换到“1”），如果在 B 相插入上直通状态，A 相状态会保持在“2”，但 C 相状态会被从“0”箝位到“1”，那么此时不再满足伏秒平衡原则，故此时不进行直通状态插入。

③ $t=t_3$，当开关状态从“210”切换至“211”时（此时对于 C 相来说，S_C 从状态“0”切换到“1”），通过延迟导通 S_{C4} 的方式插入下直通状态，即 S_{C2}、S_{C3} 及 S_{C4} 导通，而 S_{C1} 关断，如图 3-8 所示。由于此时 A 相、B 相维持原有状态，故满足伏秒平衡原则。

显然，当参考电压矢量位于第一扇区、三角形 3 时，上、下直通状态均可插入等效零矢量作用区间内，且上、下直通状态插入时间相等，即 $T_{sh\_U}=T_{sh\_D}=T_{sh}$，从而保证了上、下直通的平衡。

同时，在图 3-7 中，通过比较 Ref. $V_{A(S_{A'})}$ 和 Ref. $V_{A(S_A)}$、Ref. $V_{C(S_{C'})}$ 和 Ref. $V_{C(S_C)}$ 可知，上、下直通状态的插入会增加输出电压。

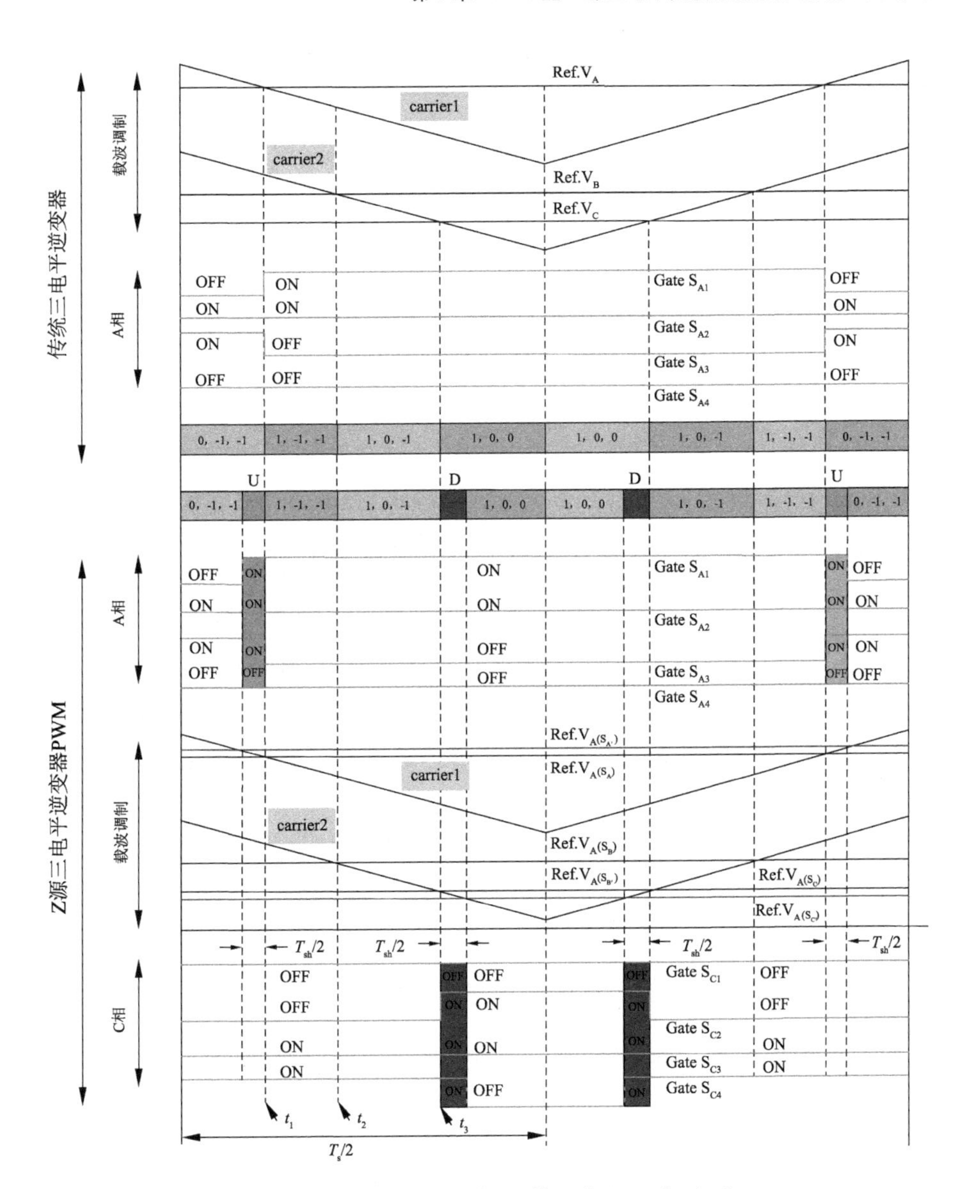

图 3-7　直通状态插入分析(第一扇区、三角形 3)

3.2.3　直通状态对变换器中点电位的影响分析

对于 NPC 型三电平变换器来说,直流侧中点电位的平衡控制也是系统有效运行的关键。引起中点不平衡的主要原因是变换器中线电流 i_O 不为零。结合前人分析结果可知,NPC 型三电平变换器的大矢量对中线电流无影响,中矢量及冗余小矢量对中线电流的影响如表 3-2 所示。

表 3-2　中矢量、冗余小矢量对中线电流的影响

正小矢量对应的开关状态	i_O	负小矢量对应的开关状态	i_O	中矢量对应的开关状态	i_O
100	i_A	211	$-i_A$	210	i_B
221	i_C	110	$-i_C$	120	i_A
010	i_B	121	$-i_B$	021	i_C
122	i_A	011	$-i_A$	012	i_B
001	i_C	112	$-i_C$	102	i_A
212	i_B	101	$-i_B$	201	i_C

以图 3-6 所示的第一扇区、三角形 3 为例进一步分析，结合图 3-7 的直通状态插入方法，插入直通状态后对应的开关序列的简单描述如图 3-8 所示。

100	UST	200	210	DST	211	211	DST	210	200	UST	100

图 3-8　NPC 型 Z 源三电平变换器的开关序列举例

当参考电压矢量 $\boldsymbol{v}_0$ 位于上述区域时，可由参考电压矢量 $\boldsymbol{U}_{100}$、$\boldsymbol{U}_{200}$、$\boldsymbol{U}_{210}$ 及 $\boldsymbol{U}_{211}$ 组成；直通状态的插入不能影响合成参考电压矢量的幅值，因此直通状态 UST 和 DST 加在了冗余小矢量 $\boldsymbol{U}_{100}$ 和 $\boldsymbol{U}_{211}$ 上；当上直通状态 UST 和下直通状态 DST 的插入占空比相同时，直通状态对中线电流的影响可相互抵消，即不会影响中点电位平衡。在前文研究直通状态插入时，已经采用了上直通状态维持时间 $T_{\mathrm{sh\_U}}$ 与下直通状态维持时间 $T_{\mathrm{sh\_D}}$ 相等的方法，因此所研究的直通状态插入方法不会影响中点电位平衡。

3.3　基于简化模型预测的 Z 源三电平变换器控制

3.3.1　传统模型预测控制

以图 3-1 所示的 NPC 型 Z 源三电平变换器带第 2 章中的电机负载为例，根据模型预测控制的原理，需要先对电机模型进行离散化处理，即采用式(3-18)所示的前向欧拉公式对式(2-10)进行离散化处理，可得离散后的电机定子电流的表达式：

$$\frac{\mathrm{d}x(t)}{\mathrm{d}t}=\frac{x(k+1)-x(k)}{T_{\mathrm{s}}} \tag{3-18}$$

$$\begin{cases} i_d(k+1)=\dfrac{T_s}{L_d}u_d(k)+\left(1-\dfrac{T_sR}{L_d}\right)i_d(k)+\dfrac{L_q}{L_d}T_s\omega_e i_q(k) \\ i_q(k+1)=\dfrac{T_s}{L_q}u_q(k)+\left(1-\dfrac{T_sR}{L_q}\right)i_q(k)-\dfrac{L_d}{L_q}T_s\omega_e i_d(k)-\dfrac{T_s}{L_q}\omega_e\psi_f(k) \end{cases} \tag{3-19}$$

式中：$i_d(k+1)$、$i_q(k+1)$和$i_d(k)$、$i_q(k)$分别是$k+1$时刻和k时刻定子电流在d轴和q轴上的分量；$u_d(k)$和$u_q(k)$分别为输入定子电压在d轴和q轴上的分量；$\psi_f(k)$为k时刻的永磁体磁链；T_s为采样时间。

由式(3-19)可知，利用当前时刻的电流值和输入电压值可预测得到$k+1$时刻的电流输出值$i_d^p(k+1)$和$i_q^p(k+1)$。

根据传统模型预测的相关原理，所设计的电流预测控制滚动优化目标函数为

$$g=\left|i_d^p(k+1)-i_d^*(k+1)\right|+\left|i_q^p(k+1)-i_q^*(k+1)\right| \tag{3-20}$$

式中：$i_d^*(k+1)$和$i_q^*(k+1)$为给定参考电流值；$i_d^p(k+1)$和$i_q^p(k+1)$是由式(3-19)得到的预测电流值。对应的算法流程如图3-9所示。

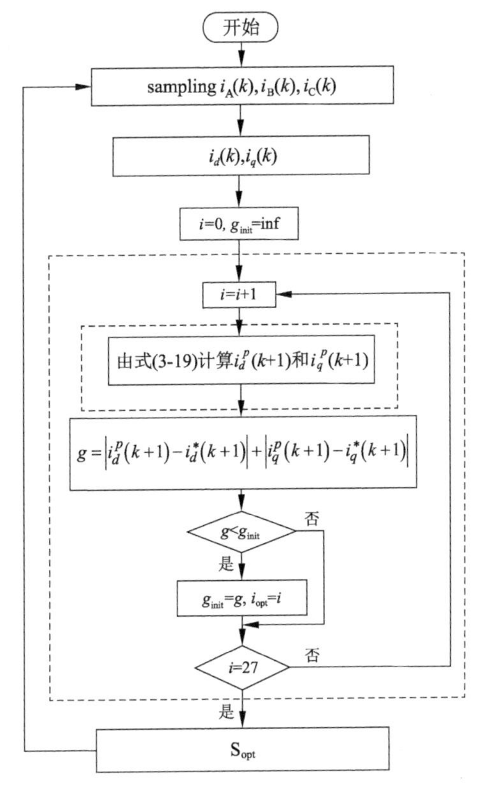

图3-9　传统模型预测控制的流程

显然，对于NPC型三电平变换器来说，为得到最优输出电流，传统模型预测控制需要在每个周期内滚动优化27次，会导致较大的计算量。

3.3.2 简化模型预测控制

为进一步简化算法，结合式(3-18)将式(2-10)改写为

$$\begin{cases} u_d(k)=\dfrac{L_d}{T_s}i_d(k+1)+\dfrac{T_sR-L_d}{T_s}i_d(k)-\omega_e L_q i_q(k) \\ u_q(k)=\dfrac{L_q}{T_s}i_q(k+1)+\dfrac{T_sR-L_q}{T_s}i_q(k)+\omega_e L_d i_d(k)+\omega_e\psi_f(k) \end{cases} \tag{3-21}$$

同时假设式(3-21)中的预测电流值完全等于给定电流值，即满足

$$\begin{cases} i_d^*(k+1)=i_d^p(k+1) \\ i_q^*(k+1)=i_q^p(k+1) \end{cases} \tag{3-22}$$

联立式(3-21)和式(3-22)，则有

$$\begin{cases} u_d^p(k)=\dfrac{L_d}{T_s}i_d^*(k+1)+\dfrac{T_sR-L_d}{T_s}i_d(k)-\omega_e L_q i_q(k) \\ u_q^p(k)=\dfrac{L_q}{T_s}i_q^*(k+1)+\dfrac{T_sR-L_q}{T_s}i_q(k)+\omega_e L_d i_d(k)+\omega_e\psi_f(k) \end{cases} \tag{3-23}$$

式中：p为预测值；$i_d^*(k+1)$和$i_q^*(k+1)$为$k+1$时刻的给定电流值；$i_d(k)$和$i_q(k)$为k时刻的实际电流值。

由式(3-23)可知，利用当前时刻及下一时刻预测的电流值，可以一步计算得到当前时刻的电压预测值。

此时，重新定义以电压跟踪误差为基础的价值函数为

$$g=|u_d^p(k)-u_d(k)|+|u_q^p(k)-u_q(k)| \tag{3-24}$$

同时，考虑到离散化中的数字延迟问题，采用向前一步的方式对式(3-23)及式(3-24)进行延迟补偿：

$$\begin{cases} u_d^p(k+1)=\dfrac{L_d}{T_s}i_d^*(k+2)+\dfrac{T_sR-L_d}{T_s}i_d(k+1)-\omega_e L_q i_q(k+1) \\ u_q^p(k+1)=\dfrac{L_q}{T_s}i_q^*(k+2)+\dfrac{T_sR-L_q}{T_s}i_q(k+1)+\omega_e L_d i_d(k+1)+\omega_e\psi_f(k+1) \end{cases} \tag{3-25}$$

$$g=|u_d^p(k+1)-u_d(k+1)|+|u_q^p(k+1)-u_q(k+1)| \tag{3-26}$$

对应的实现流程如图3-10所示。

对比图3-9和图3-10可知，改进的简化模型预测控制(MPC)舍弃了电流滚动优化运算，将电流滚动优化转换为电压滚动优化，能大幅提高算法执行

效率。此外，简化 MPC 方法的有效性也得到了理论验证。

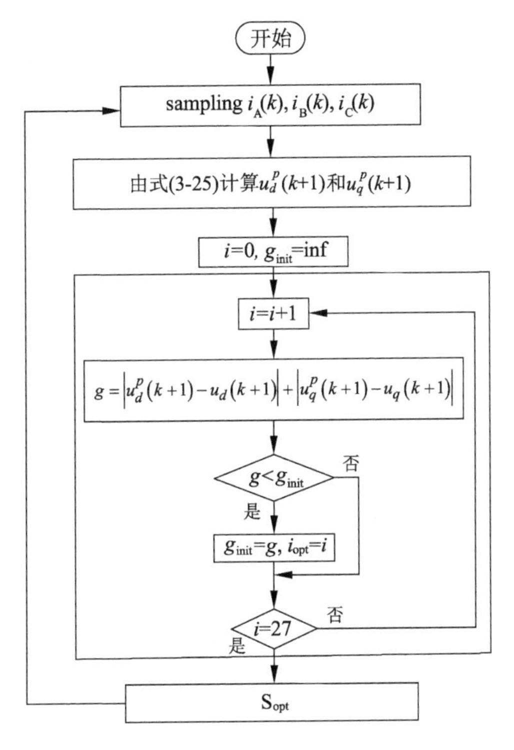

图 3-10　简化模型预测控制的流程

定义电压预测误差为式(3-23)和式(3-21)的偏差，则有

$$\begin{cases} \left|u_d^p(k)-u_d(k)\right|=\dfrac{L_d}{T_s}\left|i_d^*(k+1)-i_d(k+1)\right| \\ \left|u_q^p(k)-u_q(k)\right|=\dfrac{L_q}{T_s}\left|i_q^*(k+1)-i_q(k+1)\right| \end{cases} \tag{3-27}$$

由式(3-27)可知，改进的简化 MPC 虽然将电流滚动优化转换为电压滚动优化，但两种方法的跟踪误差都取决于电流预测偏差值，即两者效果一样，从而证明了该改进的简化 MPC 方法的可行性。

由改进的简化 MPC 方法得到最优输出电压后，为得到固定开关频率输出，将三电平 SVPWM 与模型预测控制方法相结合，再结合 Z 源逆变器直通状态的插入方法，从而得到完整的调制算法(图 3-11)。

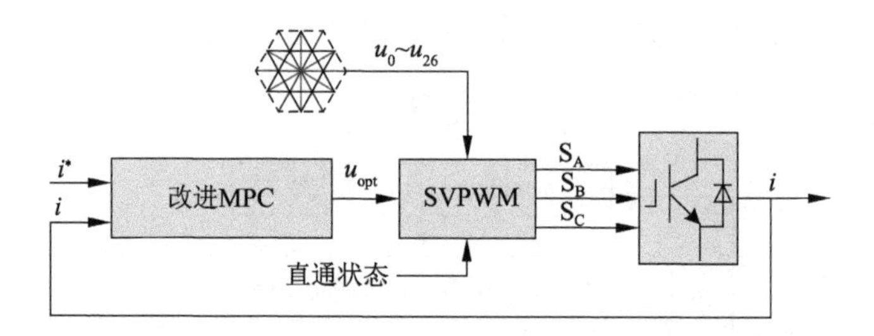

图 3-11　基于简化模型预测控制的 NPC 型 Z 源三电平变换器的调制算法

3.3.3　变换器中点电位平衡控制

前文已分析过，直通插入方法不会对中点电位产生影响，因此，在简化模型预测控制算法的基础上结合直通插入方法，即可实现对中点电位的平衡控制。

中点电位产生偏差的原因是中线电流不平衡，如图 3-12 所示。流过直流侧电容 C_{DC1} 和 C_{DC2} 的电流 i_1、i_2 与中点电位 u_O、直流侧电压 U_{DC} 的关系可表述为

$$i_1 = C_{DC1}\frac{d(U_{DC}/2-u_O)}{dt} \tag{3-28}$$

$$i_2 = C_{DC2}\frac{d(u_O-U_{DC}/2)}{dt} \tag{3-29}$$

假设直流侧电容 $C_{DC1}=C_{DC2}=C_{DC}$，根据基尔霍夫电流定律可得直流侧流出中点电位 O 的电流 i_O 为

$$i_O = i_1 - i_2 = C_{DC}\frac{d(U_{DC}/2-u_O)}{dt} - C_{DC}\frac{d(u_O-U_{DC}/2)}{dt} \tag{3-30}$$

进一步整理式(3-30)可得

$$i_O = i_1 - i_2 = -2C_{DC}\frac{du_O}{dt} \tag{3-31}$$

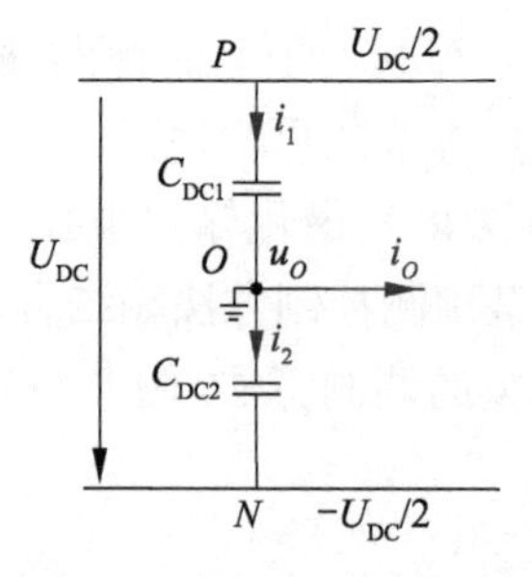

图 3-12　中点电位不平衡分析

若定义三电平变换器各相开关函数为 $S_x(x=\mathrm{A},\ \mathrm{B},\ \mathrm{C})$，则中点电位的电流 i_O 又可表述为

$$i_O=(1-|S_\mathrm{A}|)i_\mathrm{A}+(1-|S_\mathrm{B}|)i_\mathrm{B}+(1-|S_\mathrm{C}|)i_\mathrm{C} \tag{3-32}$$

结合式(3-31)与式(3-32)，可得中点电位 u_O 与各相开关函数之间的关系为

$$\frac{\mathrm{d}u_O}{\mathrm{d}t}=-\frac{1}{2C_\mathrm{DC}}[(1-|S_\mathrm{A}|)i_\mathrm{A}+(1-|S_\mathrm{B}|)i_\mathrm{B}+(1-|S_\mathrm{C}|)i_\mathrm{C}] \tag{3-33}$$

对式(3-33)进行离散化处理后可得

$$u_O^p(k+1)=u_O(k)-\frac{T_\mathrm{s}}{2C_\mathrm{DC}}[(1-|S_\mathrm{A}|)i_\mathrm{A}(k)+(1-|S_\mathrm{B}|)i_\mathrm{B}(k)+(1-|S_\mathrm{C}|)i_\mathrm{C}(k)] \tag{3-34}$$

在简化模型预测控制的基础上考虑中点电位平衡控制的目标函数可改写为

$$g=|u_d^p(k+1)-u_d(k+1)|+|u_q^p(k+1)-u_q(k+1)|+\lambda|u_O^p(k+1)| \tag{3-35}$$

式中：λ 是中点电位平衡控制权重因子，$\lambda\in[0,1]$，具体数值通过多次仿真对比确定。

3.4　仿真分析

针对上述研究内容，基于MATLAB仿真环境搭建了以RL为负载的仿真模型进行调制算法的初步验证。仿真采用基于简化模型预测控制的变换器调制算法（两种调制策略的比较见实验部分），并对比分析了有无中点电位平衡控制的影响。所采用的仿真参数如表3-3所示。

表3-3　仿真参数

参数	值
直流侧电压（$U_\mathrm{DC1}=U_\mathrm{DC2}$）/V	50
Z源网络电感（$L_1=L_2$）/mH	2
Z源网络电容（$C_1=C_2$）/μF	100
负载电感/mH	5
负载电阻/Ω	10
采样频率/kHz	10

续表

参数	值
负载电流/A	10
直通占空比(D)	0~0.3

图 3-13 a 为 Z 源网络输出的 U_i 波形,未添加直通状态时,输出电压维持在直流输入电压 $U_{DC}=U_{DC1}+U_{DC2}=100$ V;$t=0.25$ s 插入直通状态后(直通占空比为 0.3),Z 源变换器实现升压功能,Z 源网络输出波形呈脉冲状,如图 3-13 b 所示,图 3-13 c 和图 3-13 d 则分别为变换器动态升压过程中的线电压 u_{AB} 及 A 相电压 u_A,此时的 A 相电流波形如图 3-13 e 所示。由图可以看出,在 0.25 s 直通占空比突变时,经一个周期调整,变换器输出实现升压功能,线电压峰值约为 250 V,仿真结果与理论分析一致;同时,在直通占空比变化过程中,负载电流随之增大,且正弦度高,谐波含量少。

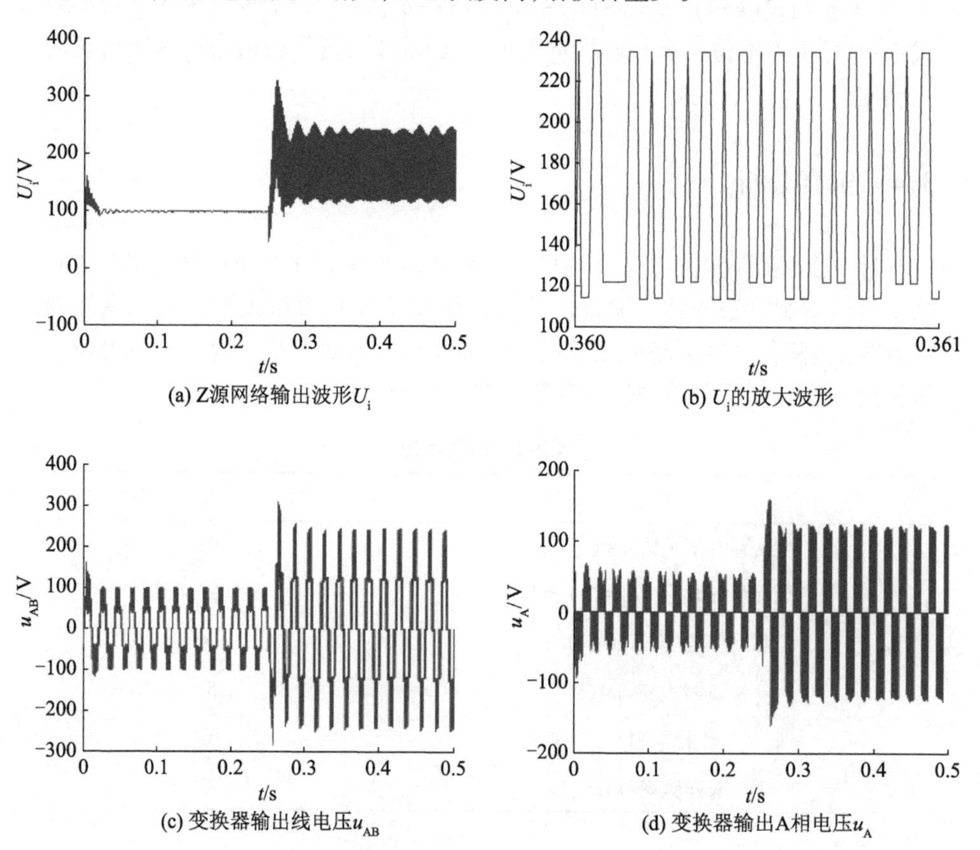

(a) Z源网络输出波形U_i

(b) U_i的放大波形

(c) 变换器输出线电压u_{AB}

(d) 变换器输出A相电压u_A

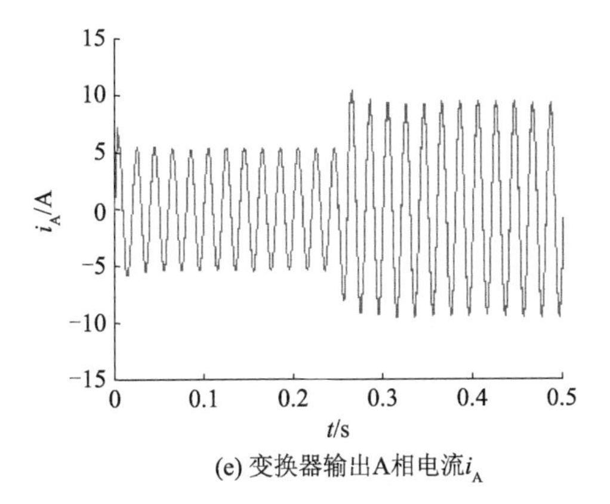

(e) 变换器输出A相电流i_A

图 3-13　NPC 型 Z 源三电平变换器带阻感负载时的输出波形

图 3-14 所示为取不同权重因子 λ 时的中点电位偏差波形，图 3-15 所示为当 $\lambda=0.3$ 时，负载变化时的中点电位偏差波形，验证了中点电位平衡控制算法的可行性，能保证 NPC 型 Z 源三电平变换器的正常运行。

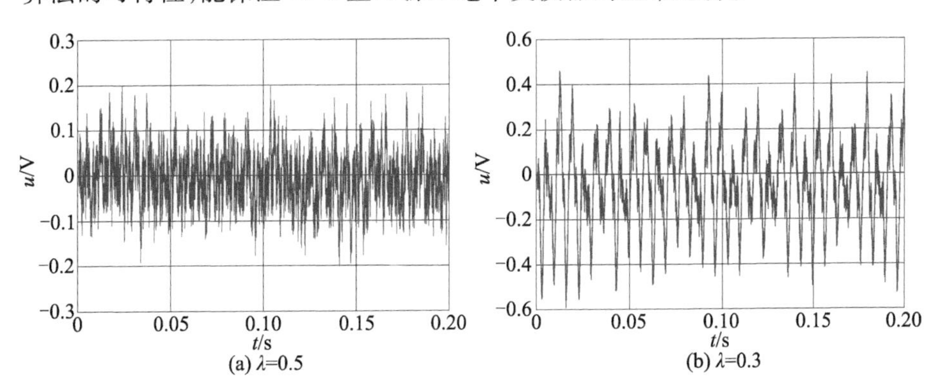

(a) λ=0.5　　(b) λ=0.3

图 3-14　不同权重因子对应的中点电位偏差波形

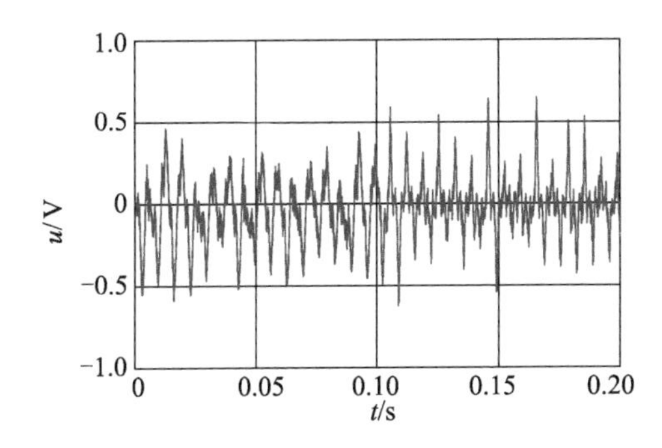

图 3-15　负载变化时的中点电位偏差波形

3.5 本章小结

本章在分析 NPC 型 Z 源三电平变换器拓扑结构及工作原理的基础上，结合传统三电平空间矢量脉宽调制和模型预测控制原理，对 NPC 型 Z 源三电平变换器的调制算法进行了深入研究，主要包括如下工作：

① 研究了基于线电压坐标系的三电平 SVPWM 算法，采用三角形方向判断替代传统三电平 SVPWM 算法中的三角形位置判断，从而大幅提高了算法效率。

② 基于线电压坐标系的 SVPWM 算法，研究了分别在最大及最小相调制信号与载波相交时刻的左、右侧插入上、下直通状态的方法，实现了不增加额外开关损耗基础上的直通状态插入。

③ 分析了直通状态插入对三电平变换器中线电流的影响，得出了同占空比插入上、下直通状态不会影响中点电位平衡控制的结论，为变换器中点电位控制提供了理论基础。

④ 针对传统模型预测电流控制存在的滚动计算复杂问题，提出了采用预测电压的简化模型预测电压控制方法，简化了滚动计算过程，提高了算法执行效率；同时，为确保变换器输出谐波频率相对固定，将简化模型预测电压控制与 SVPWM 相结合。

第 4 章　基于广义滑动离散傅里叶变换的变换器非线性补偿

对于电机驱动系统来说，无论是电机气隙磁场，还是驱动变换器的非线性特征，都会在电机定子电流中造成谐波干扰，使电流波形发生畸变，从而导致电机输出电磁转矩脉动，影响电机驱动控制效果。本书主要以电机驱动系统为研究对象，因此需要深入分析驱动变换器的非线性特征影响，并开展相关的非线性补偿研究，以期进一步提高电机驱动效果。

本章针对驱动变换器非线性补偿控制开展了三个方面的研究：一是建立电机的谐波数学模型，并将其转换至谐波旋转坐标系下；二是针对传统 SDFT 算法提取谐波分量存在的问题，在解析算法本质的基础上研究一种能减少提取时间的 GSDFT 算法；三是基于提取出的电流谐波分量，进行谐波电压补偿量的计算和注入。

4.1　内埋式永磁同步电机的谐波数学模型

理想情况下，处于 dq 同步旋转坐标系下的电机方程中只含有直流分量，但由于电机驱动系统是典型的非线性系统，无论是驱动变换器器件的管压降、变换器脉宽调制影响，还是电机气隙磁场畸变等因素，都会造成定子电流中存在谐波干扰，因此需要重新建立 dq 坐标系下的电机模型以进行非线性补偿。通常电机的定子绕组采用星形连接的方式且三相对称，故不考虑偶次及 3 的整数倍谐波分量；考虑到变换器脉宽调制影响，故主要建立 5 次和 7 次定子电流谐波的电机谐波方程。

在三相静止坐标系中，定子电流的基波分量按照同步角速度 ω_e 逆时针旋转，5 次谐波分量以 $5\omega_e$ 的角速度顺时针旋转，7 次谐波分量则以 $7\omega_e$ 的角速度逆时针旋转。因此，考虑谐波分量的三相定子电流可表述为

$$\begin{cases} i_A = I_1\cos(\omega_e t+\theta_1) + I_5\cos(-5\omega_e t+\theta_5) + I_7\cos(7\omega_e t+\theta_7) \\ i_B = I_1\cos\left(\omega_e t+\theta_1-\dfrac{2\pi}{3}\right) + I_5\cos\left(-5\omega_e t+\theta_5-\dfrac{2\pi}{3}\right) + I_7\cos\left(7\omega_e t+\theta_7-\dfrac{2\pi}{3}\right) \\ i_C = I_1\cos\left(\omega_e t+\theta_1+\dfrac{2\pi}{3}\right) + I_5\cos\left(-5\omega_e t+\theta_5+\dfrac{2\pi}{3}\right) + I_7\cos\left(7\omega_e t+\theta_7+\dfrac{2\pi}{3}\right) \end{cases} \tag{4-1}$$

式中：I_1、I_5、I_7 分别对应电流基波、5 次谐波及 7 次谐波的幅值；θ_1、θ_5、θ_7 分别为对应分量的初始相位角。

基于 Park 变换，可将式(4-1)转化为 dq 同步旋转坐标系下的表达式：

$$\begin{cases} i_d = i_{d1} + I_5\cos(-6\omega_e t+\theta_5) + I_7\cos(6\omega_e t+\theta_7) \\ i_q = i_{q1} + I_5\sin(-6\omega_e t+\theta_5) + I_7\sin(6\omega_e t+\theta_7) \end{cases} \tag{4-2}$$

式中：i_{d1}、i_{q1} 分别为定子基波电流的 d 轴、q 轴分量。

由式(4-2)可以得出，在 dq 同步旋转坐标系下，定子电流中的 5 次和 7 次谐波分量的旋转角速度分别为 $-6\omega_e$ 和 $6\omega_e$，即上述分量在 dq 同步旋转坐标系下表现为 6 次谐波分量。

将式(4-2)中的 d 轴、q 轴电流对时间进行求导，可得

$$\begin{cases} \dfrac{di_d}{dt} = 6\omega_e I_5\sin(-6\omega_e t+\theta_5) - 6\omega_e I_7\sin(6\omega_e t+\theta_7) \\ \dfrac{di_q}{dt} = -6\omega_e I_5\cos(-6\omega_e t+\theta_5) + 6\omega_e I_7\cos(6\omega_e t+\theta_7) \end{cases} \tag{4-3}$$

若考虑 IPMSM 的气隙磁场畸变（同样只考虑电流基波、5 次谐波分量、7 次谐波分量），永磁体磁链在 q 轴的运动电势为 u_ψ，则永磁体磁链 ψ_f 可表示为

$$\begin{aligned} \psi_f &= \frac{u_\psi}{\omega_e} = \frac{\omega_e\psi_{f1} - 5\omega_e\psi_{f5}\sin(-6\omega_e t+\theta_{\psi5}) + 7\omega_e\psi_{f7}\sin(6\omega_e t+\theta_{\psi7})}{\omega_e} \\ &= \psi_{f1} - 5\psi_{f5}\sin(-6\omega_e t+\theta_{\psi5}) + 7\psi_{f7}\sin(6\omega_e t+\theta_{\psi7}) \end{aligned} \tag{4-4}$$

式中：ψ_{f1}、ψ_{f5}、ψ_{f7} 分别为电流基波、5 次谐波和 7 次谐波磁链幅值；$\theta_{\psi5}$、$\theta_{\psi7}$ 分别为谐波运动电势 $u_{\psi5}$ 和 $u_{\psi7}$ 的初始相位角。

将式(4-3)、式(4-4)分别代入理想电机的 d 轴、q 轴电压方程(2-10)中，可得电机的谐波电压方程为

$$\begin{cases}u_d=R[i_{d1}+I_5\cos(-6\omega_e t+\theta_5)+I_7\cos(6\omega_e t+\theta_7)]-\\ \quad \omega_e L_q[i_{q1}-5I_5\sin(-6\omega_e t+\theta_5)+7I_7\sin(6\omega_e t+\theta_7)]+\\ \quad L_d[6\omega_e I_5\sin(-6\omega_e t+\theta_5)-6\omega_e I_7\sin(6\omega_e t+\theta_7)]\\ u_q=R[i_{q1}+I_5\sin(-6\omega_e t+\theta_5)+I_7\sin(6\omega_e t+\theta_7)]+\\ \quad \omega_e L_d[i_{d1}-5I_5\cos(-6\omega_e t+\theta_5)+7I_7\cos(6\omega_e t+\theta_7)]+\\ \quad L_q[-6\omega_e I_5\cos(-6\omega_e t+\theta_5)+6\omega_e I_7\cos(6\omega_e t+\theta_7)]+\omega_e\psi_{f1}\end{cases} \tag{4-5}$$

在理想情况下，电机定子电流中不含谐波分量，则对应的稳态电压方程为

$$\begin{cases}u_d^*=Ri_{d1}-\omega_e L_q i_{q1}\\ u_q^*=Ri_{q1}+\omega_e L_d i_{d1}+\omega_e\psi_{f1}\end{cases} \tag{4-6}$$

由式(4-5)和式(4-6)可以计算出 dq 旋转坐标系下的理想定子电压与实际定子电压之间的误差为

$$\begin{cases}\Delta u_d=u_d^*-u_d\\ \quad =-R[I_5\cos(-6\omega_e t+\theta_5)+I_7\cos(6\omega_e t+\theta_7)]+\\ \quad\ \omega_e L_q[-5I_5\sin(-6\omega_e t+\theta_5)+7I_7\sin(6\omega_e t+\theta_7)]-\\ \quad\ L_d[6\omega_e I_5\sin(-6\omega_e t+\theta_5)-6\omega_e I_7\sin(6\omega_e t+\theta_7)]\\ \Delta u_q=u_q^*-u_q\\ \quad =-R[I_5\sin(-6\omega_e t+\theta_5)+I_7\sin(6\omega_e t+\theta_7)]-\\ \quad\ \omega_e L_d[-5I_5\cos(-6\omega_e t+\theta_5)+7I_7\cos(6\omega_e t+\theta_7)]-\\ \quad\ L_q[-6\omega_e I_5\cos(-6\omega_e t+\theta_5)+6\omega_e I_7\cos(6\omega_e t+\theta_7)]\end{cases} \tag{4-7}$$

由上述电机谐波数学模型的建立及分析可知，变换器非线性补偿的重要内容之一是定子谐波电流的实时、有效提取。

4.2　谐波电流分量提取

4.2.1　基于 SDFT 的谐波电流分量提取

滑动离散傅里叶变换(SDFT)是对传统离散傅里叶变换(discrete Fourier transform, DFT)算法的一种改进，不仅保留了 DFT 能够提取不同频率信号幅值的特点，还能大幅减少运算负担，易于数字化实现。

基于 SDFT 的谐波电流分量提取原理如下：设待提取信号为一有限长序列 $x(m)$，数据长度为 M，其 DFT 变换为

$$X(k)=\mathrm{DFT}[x(m)]=\sum_{n=0}^{M-1}x(m)W_M^{nk},\ 0\leqslant k\leqslant M-1 \tag{4-8}$$

式中：$W_M = \mathrm{e}^{-\mathrm{j}2\pi/M}$。

将式(4-8)展开得

$$X(k)=x(0)+x(1)\mathrm{e}^{-\mathrm{j}\frac{2\pi k}{M}}+x(2)\mathrm{e}^{-\mathrm{j}\frac{2\pi k\cdot 2}{M}}+\cdots+x(M-1)\mathrm{e}^{-\mathrm{j}\frac{2\pi k\cdot(M-1)}{M}} \tag{4-9}$$

图 4-1 所示为 SDFT 算法对所采样序列的数据处理原理，前一时刻采样点数据用 x_0 表示，新的采样点数据用 x_1 表示，将 x_0、x_1 分别进行傅里叶变换后用 $X_0(k)$、$X_1(k)$表示，可得

$$X_0(k)=x(0)+x(1)\mathrm{e}^{-\mathrm{j}\frac{2\pi k}{M}}+x(2)\mathrm{e}^{-\mathrm{j}\frac{2\pi k\cdot 2}{M}}+\cdots+x(M-1)\mathrm{e}^{-\mathrm{j}\frac{2\pi k\cdot(M-1)}{M}} \tag{4-10}$$

$$X_1(k)=x(1)+x(2)\mathrm{e}^{-\mathrm{j}\frac{2\pi k}{M}}+x(3)\mathrm{e}^{-\mathrm{j}\frac{2\pi k\cdot 2}{M}}+\cdots+x(M)\mathrm{e}^{-\mathrm{j}\frac{2\pi k\cdot(M-1)}{M}} \tag{4-11}$$

将式(4-10)代入式(4-11)可得

$$X_1(k)=[X_0(k)-x(0)]\mathrm{e}^{\mathrm{j}\frac{2\pi k}{M}}+x(M)\mathrm{e}^{-\mathrm{j}\frac{2\pi k(M-1)}{M}}=[X_0(k)-x(0)+x(M)]\mathrm{e}^{\mathrm{j}\frac{2\pi k}{M}} \tag{4-12}$$

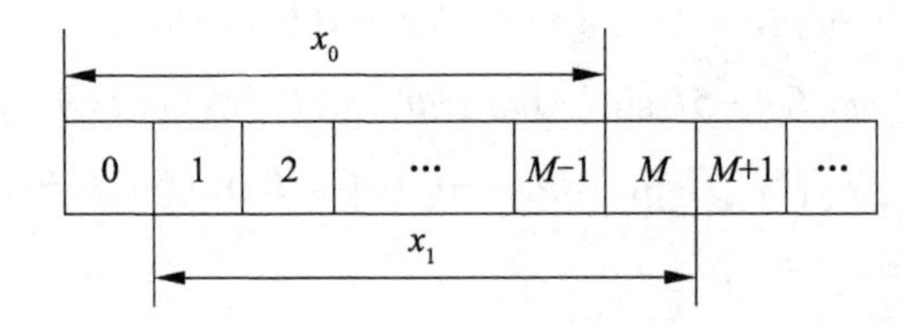

图 4-1　SDFT 数据处理示意图

式(4-12)表明，可以通过前一时刻采样点数据得到新采样序列的傅里叶变换式，这样不仅大大节省了运算时间，而且提高了处理效率。具体过程为：将前一时刻采样点数据的傅里叶变换式 $X_0(k)$ 减去采样序列中的直流项 $x(0)$，加上 $x(M)$，然后对得到的结果进行相移处理，即可求出新采样序列的傅里叶变换式 $X_1(k)$。整个处理过程只需要对前一时刻采样序列傅里叶变换式进行简单的加减法和一次复数乘法，这种数据处理方法的运算效率要远高于 FFT，非常适合运用数字处理器对高频信号进行处理。

为进一步分析 SDFT 算法提取信号幅值的本质，基于 SDFT 算法的传递函数进行深入分析。

由式(4-12)可知，第 $m+1$ 个采样序列的 SDFT 变换可表述为

$$I_m(k)=[I_{m-1}(k)-i(m-1)+i(m+M-1)]\mathrm{e}^{\mathrm{j}\frac{2\pi k}{M}} \tag{4-13}$$

式中：$I_m(k)$ 与 $I_{m-1}(k)$ 分别为第 $m+1$ 个采样序列和第 m 个采样序列所对应的 k 次谐波。

为获取 k 次谐波处于时域的表达式，可由式(4-13)变换得到

$$i_m^k = \frac{1}{M} I_m(k) \mathrm{e}^{\mathrm{j}2\pi \frac{km}{M}} \tag{4-14}$$

以序列 i_m 提取出的 k 次谐波为输出信号，以序列 i_m 为输入信号，基于 SDFT 的谐波提取算法在 z 域中的传递函数为

$$G_{\mathrm{SDFT}}^k(z) = \frac{Z\left[\frac{1}{M} I_m(k) \mathrm{e}^{\mathrm{j}2\pi \frac{km}{M}}\right]}{Z[i_m]} = (1-z^{-M}) \left(\frac{1}{1-z^{-1}\mathrm{e}^{\mathrm{j}2\pi \frac{k}{M}}}\right) \frac{1}{M} \mathrm{e}^{\mathrm{j}2\pi \frac{k}{M}} \tag{4-15}$$

由式(4-15)可知，SDFT 谐波提取算法对应的传递函数由三部分组成，分别用函数 A、函数 B 及函数 C 来表述，如图 4-2 所示。

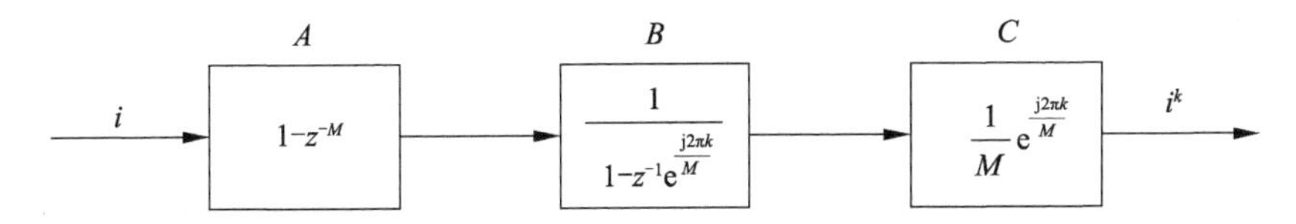

图 4-2　SDFT 传递函数分解

单独地，函数 A 部分可展开为

$$1-z^{-M} = (1-z^{-1}) \left(1-\mathrm{e}^{\frac{\mathrm{j}2\pi}{M}} z^{-1}\right) \cdots \left[1-\mathrm{e}^{\frac{\mathrm{j}(M-1)2\pi}{M}} z^{-1}\right] = \prod_{n=0}^{M-1} \left(1-\mathrm{e}^{\frac{\mathrm{j}2\pi n}{M}} z^{-1}\right) \tag{4-16}$$

由式(4-16)可知，函数 A 包含 M 个零点，且这 M 个零点全部位于 z 域的单位圆上，这些零点都在整数倍的基波频率处，意味着函数 A 可以将输入信号中的基波以及正整数($2\sim M-1$)次的谐波都过滤掉。

同时，函数 B 在 z 域的单位圆上会产生一个极点，这个极点将和函数 A 的 M 个零点中的一个零点对消，从而对指定次谐波进行提取。函数 C 可作为一个增益来调节提取出的谐波的幅值。选取 $M=30$、提取 5 次谐波的情况做分析，SDFT 算法中的零极点分布情况如图 4-3 所示。

综上所述，从传递函数的角度分析 SDFT 谐波提取的本质可知，函数 A 可过滤输入信号中所有的正整数次谐波，然后通过函数 B 进行零极点对消，从而提取指定次谐波。但是对于一些只包含特定次谐波的输入信号而言，这种方法会引发零点的多余，导致系统动态响应受到影响。例如，对于 PMSM 控制系统中的三相电流而言，不存在偶数次、3 次及其整数倍的谐波。

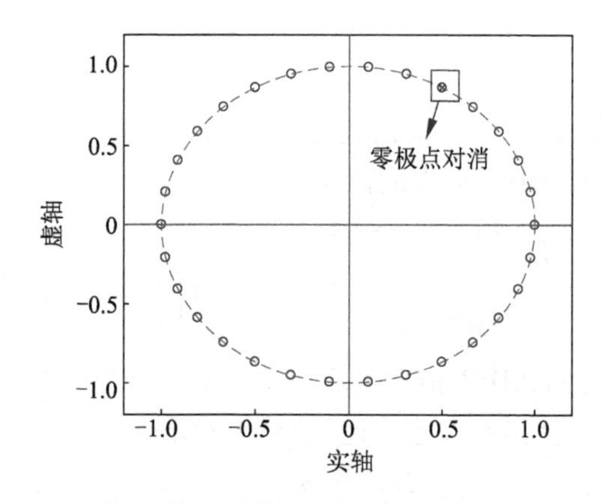

图 4-3　SDFT 算法中的零极点分布情况(M=30，k=5)

4.2.2　基于 GSDFT 的谐波电流分量提取

针对 SDFT 算法存在的多余零点问题,本书结合定子电流中含有的 5 次、7 次的特征次谐波情况,通过重新设计函数 A 来进一步简化谐波分量的提取过程,并称之为广义滑动离散傅里叶变换(GSDFT)。

假设输入信号中含有的谐波次数是 $h=mk+l$,m、k 和 l 是整数,$m>0$,则可通过把 $z=z^{1/m}\mathrm{e}^{-\mathrm{j}2\pi l/mM}$ 代入式(4-16)中来重设函数 A,表达式为

$$1-z^{-\frac{M}{m}}\mathrm{e}^{\frac{\mathrm{j}2\pi l}{m}}=\prod_{k=0}^{M-1}\left[1-\mathrm{e}^{\frac{\mathrm{j}2\pi(mk+l)}{Mm}}z^{-\frac{1}{m}}\right] \tag{4-17}$$

当只考虑 5 次、7 次谐波分量时,根据式(4-17)可将函数 A 重设为

$$\mathrm{A}'=\left(1-z^{-\frac{M}{6}}\mathrm{e}^{\frac{\mathrm{j}2\pi}{6}}\right)\left(1-z^{-\frac{M}{6}}\mathrm{e}^{\frac{-\mathrm{j}2\pi}{6}}\right) \tag{4-18}$$

此时,基于 GSDFT 的谐波提取算法的传递函数为

$$G_{\mathrm{GSDFT}}^{k}(z)=\left(1-z^{-\frac{M}{6}}\mathrm{e}^{\frac{\mathrm{j}2\pi}{6}}\right)\left(1-z^{-\frac{M}{6}}\mathrm{e}^{\frac{-\mathrm{j}2\pi}{6}}\right)\left(\frac{1}{1-z^{-1}\mathrm{e}^{\mathrm{j}2\pi\frac{k}{M}}}\right)\frac{1}{M}\mathrm{e}^{\mathrm{j}2\pi\frac{k}{M}} \tag{4-19}$$

通过级联的方式同时滤除 $6k+1$ 次和 $6k-1$ 次谐波,再利用函数 B 和函数 C 进行零极点对消和幅值相位的调节来提取指定次谐波。此时,函数 A'不会产生多余零点,谐波提取的时间为 $T/6+T/6=T/3$,即只需要 1/3 周期的时间就能提取出指定次谐波。同样选取 $M=30$、提取 5 次谐波的情况做分析,GSDFT 算法中的零极点分布情况如图 4-4 所示。

从图 4-4 中可知,函数 A'的零点只在 $6k\pm1$ 倍的基波频率处,相比 SDFT 算法减少了 20 个零点的计算量,从而减少了 $2T/3$ 的谐波提取时间。

此外,GSDFT 算法还可应用于负载不平衡系统中。当三相负载不对称时,变换器输出交流侧三相电流中存在不平衡分量,该分量在两相旋转坐标

系下体现为两倍频负序分量,即此时需要提取的谐波次数是 $h=2$,则可通过把 $z=z^{1/2}$ 代入式(4-16)中来重设函数 A,从而实现两倍频负序分量(即不平衡分量)的有效提取。

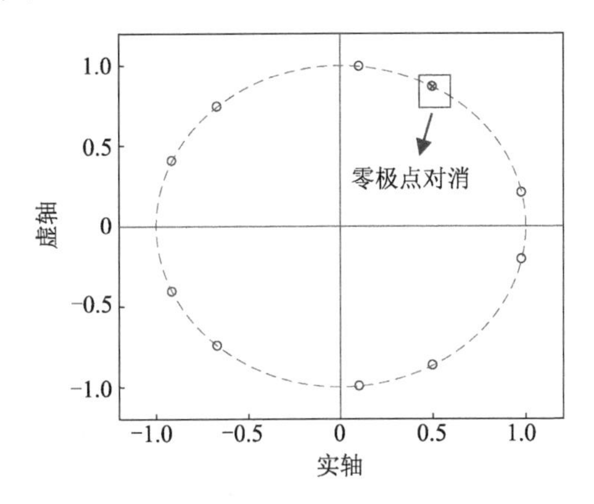

图 4-4　GSDFT 算法中的零极点分布情况($M=30$, $k=5$)

4.2.3　两种谐波电流提取方法的比较

通过前文的分析可知,基于 SDFT 和基于 GSDFT 的谐波电流提取方法都可以提取出指定次谐波电流,但基于 GSDFT 的谐波电流提取方法耗费的时间要少于基于 SDFT 的方法,下面通过具体的仿真分析来进行直观的对比。

假设电流输入信号的基波周期 $T=0.02$ s,输入的信号为 $i(t)=\sin(500\pi t)+\cos(500\pi t)$,对此信号分别用基于 SDFT 和基于 GSDFT 的方法进行 5 次谐波的提取。GSDFT 传递函数中的 A′选为

$$A'=(1-z^{-\frac{M}{2}}\mathrm{e}^{\frac{-\mathrm{j}2\pi}{2}}) \tag{4-20}$$

即函数 A'可以滤除 $2k-1$ 次谐波。基于 SDFT 和基于 GSDFT 的谐波提取情况如图 4-5 所示。

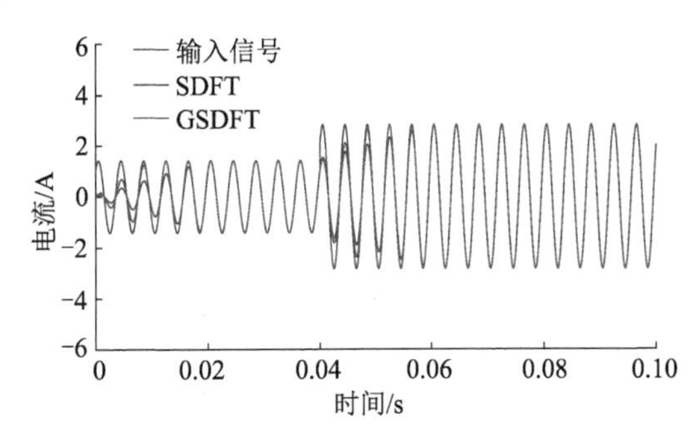

图 4-5　谐波电流分量提取效果对比

从图 4-5 中可以看出,基于 GSDFT 的方法在 $t=0.01$ s 后提取出 5 次谐波,花费的时间是 $T/2$,这是由于函数 A' 只过滤了奇数次谐波,从而使得谐波提取的时间减半;基于 SDFT 的方法在 $t=0.02$ s 后提取出 5 次谐波,花费了一个周期的时间,耗时是 GSDFT 的两倍,又由于输入信号中只含有 5 次谐波电流,故利用 GSDFT 提取出的谐波电流与输入信号相同,表明 GSDFT 这一提取方式的精准度与快速性都相对较好。当 $t=0.04$ s 时,突加电流,使其大小为之前的 2 倍,基于 GSDFT 的方法依旧可以在 $T/2$ 的时候提取出 5 次谐波电流。

4.3 谐波电压补偿量的计算与注入

4.3.1 谐波电压补偿量的计算

由式(4-7)中的定子电压误差方程可知,在 dq 同步旋转坐标系下,5 次谐波和 7 次谐波分量体现为角频率为 $6\omega_e$ 的交流分量,不利于控制。因此,先将 dq 同步旋转坐标系分别转换为 5 次谐波旋转坐标系和 7 次谐波旋转坐标系,对应的坐标关系如图 4-6 所示。

对应的转换矩阵为

$$\boldsymbol{C}_{dq\to dq5}=\begin{bmatrix}\cos(-6\omega_e t) & \sin(-6\omega_e t)\\ -\sin(-6\omega_e t) & \cos(-6\omega_e t)\end{bmatrix} \tag{4-21}$$

$$\boldsymbol{C}_{dq\to dq7}=\begin{bmatrix}\cos(6\omega_e t) & \sin(6\omega_e t)\\ -\sin(6\omega_e t) & \cos(6\omega_e t)\end{bmatrix} \tag{4-22}$$

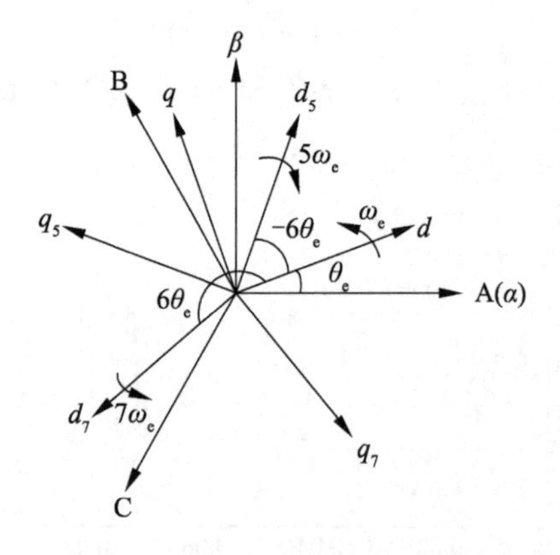

图 4-6 谐波旋转坐标系与同步旋转坐标系的关系

将式(4-7)通过式(4-21)变换后可得 5 次谐波 dq 坐标系下的谐波误差电

压方程为

$$\begin{cases}\Delta u_{d5}=R[I_5\cos\theta_5+I_7\cos(12\omega_e t+\theta_7)]+\\ \quad\omega_e L_q[5I_5\sin\theta_5+7I_7\sin(12\omega_e t+\theta_7)]+\\ \quad L_d[6\omega_e I_5\sin\theta_5-6\omega_e I_7\sin(12\omega_e t+\theta_7)]\\ \Delta u_{q5}=R[I_5\sin\theta_5+I_7\sin(12\omega_e t+\theta_7)]+\\ \quad\omega_e L_d[-5I_5\cos\theta_5+7I_7\cos(12\omega_e t+\theta_7)]-\\ \quad L_q[6\omega_e I_5\cos\theta_5-6\omega_e I_7\cos(12\omega_e t+\theta_7)]\end{cases}\tag{4-23}$$

式(4-23)中含有 5 次谐波的直流分量和 7 次谐波的交流分量,滤除交流分量后,式(4-23)可简化为

$$\begin{cases}u_{d5}^{\text{com}}=RI_5\cos\theta_5+5\omega_e L_q I_5\sin\theta_5+6\omega_e L_d I_5\sin\theta_5\\ \quad=Ri_{d5}+5\omega_e L_q i_{q5}+6\omega_e L_d i_{q5}\\ u_{q5}^{\text{com}}=RI_5\sin\theta_5-5\omega_e L_d I_5\cos\theta_5-6\omega_e L_q I_5\cos\theta_5\\ \quad=Ri_{q5}-5\omega_e L_d i_{d5}-6\omega_e L_q i_{d5}\end{cases}\tag{4-24}$$

式中:u_{d5}^{com} 和 u_{q5}^{com} 分别表示 5 次谐波电压补偿量 d 轴和 q 轴分量;$i_{d5}=I_5\cos\theta_5$ 和 $i_{q5}=I_5\sin\theta_5$ 分别表示 5 次谐波电流在 5 次谐波 dq 坐标系下的 d 轴、q 轴分量。

同理,将式(4-7)通过式(4-22)变换后可得 7 次谐波 dq 坐标系下的谐波误差电压方程为

$$\begin{cases}\Delta u_{d7}=R[I_5\cos(-12\omega_e t+\theta_5)+I_7\cos\theta_7]+\\ \quad\omega_e L_q[5I_5\sin(-12\omega_e t+\theta_5)-7I_7\sin\theta_7]-\\ \quad L_d[6\omega_e I_5\sin(-12\omega_e t+\theta_5)+6\omega_e I_7\sin\theta_7]\\ \Delta u_{q7}=R[-I_5\sin(-12\omega_e t+\theta_5)+I_7\sin\theta_7]+\\ \quad\omega_e L_d[-5I_5\cos(-12\omega_e t+\theta_5)+7I_7\cos\theta_7]-\\ \quad L_q[6\omega_e I_5\cos(-12\omega_e t+\theta_5)-6\omega_e I_7\cos\theta_7]\end{cases}\tag{4-25}$$

滤除交流分量后,式(4-25)可简化为

$$\begin{cases}u_{d7}^{\text{com}}=RI_7\cos\theta_7-7\omega_e L_q I_7\sin\theta_7-6\omega_e L_d I_7\sin\theta_7\\ \quad=Ri_{d7}-7\omega_e L_q i_{q7}-6\omega_e L_d i_{q7}\\ u_{q7}^{\text{com}}=RI_7\sin\theta_7+7\omega_e L_d I_7\cos\theta_7+6\omega_e L_q I_7\cos\theta_7\\ \quad=Ri_{q7}+7\omega_e L_d i_{d7}+6\omega_e L_q i_{d7}\end{cases}\tag{4-26}$$

式中:u_{d7}^{com} 和 u_{q7}^{com} 分别表示 7 次谐波电压补偿量 d 轴和 q 轴分量;$i_{d7}=I_7\cos\theta_7$ 和 $i_{q7}=I_7\sin\theta_7$ 分别表示 7 次谐波电流在 7 次谐波 dq 坐标系下的 d 轴、q 轴分量。

4.3.2 谐波电压补偿量的注入

4.2 节完成了 5 次和 7 次谐波电流的提取，4.3.1 中给出了谐波电压补偿量的计算方法，本小节将给出谐波电压补偿量的注入方法。

根据式(4-24)设计 5 次谐波电压补偿量 d 轴和 q 轴分量计算框图(图 4-7)。

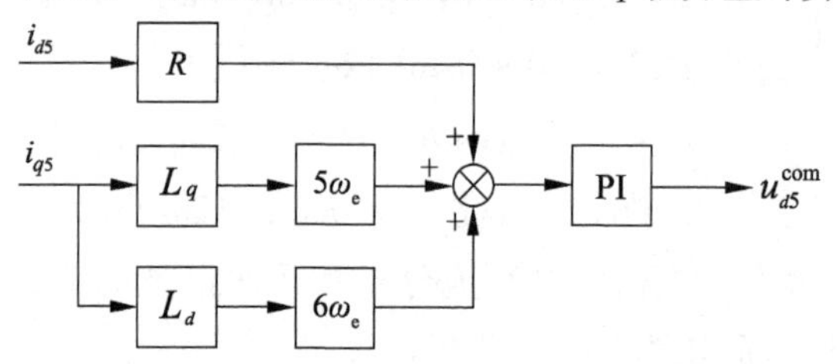

(a) 5次谐波电压补偿量d轴分量计算框图

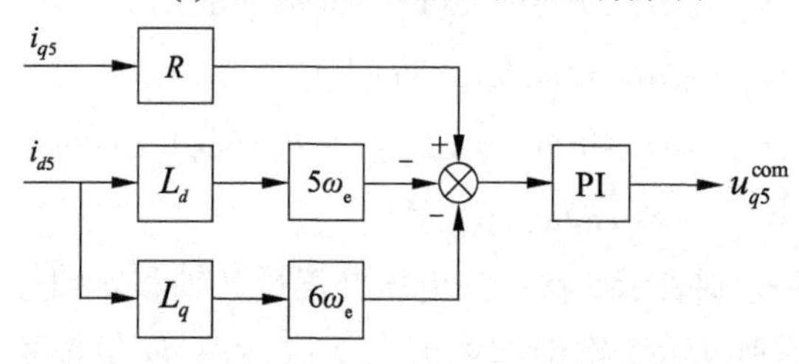

(b) 5次谐波电压补偿量q轴分量计算框图

图 4-7　5 次谐波电压补偿量计算框图

根据式(4-26)设计 7 次谐波电压补偿量 d 轴和 q 轴分量计算框图(图 4-8)。

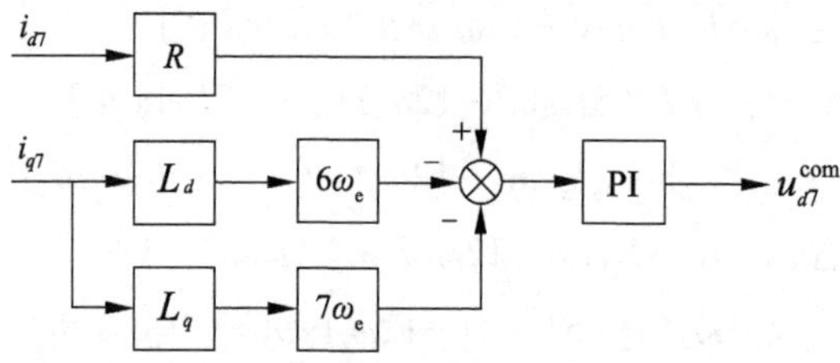

(a) 7次谐波电压补偿量d轴分量计算框图

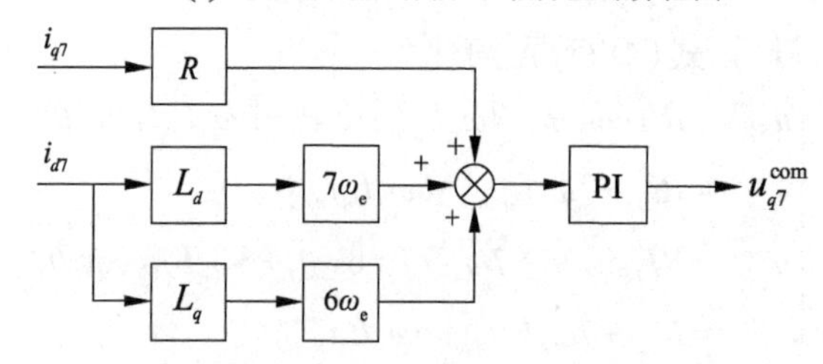

(b) 7次谐波电压补偿量q轴分量计算框图

图 4-8　7 次谐波电压补偿量计算框图

由于得到的谐波电压补偿量是在对应的谐波坐标系下求得的,因此需要变换到基波 dq 坐标系下,如图 4-9 所示。

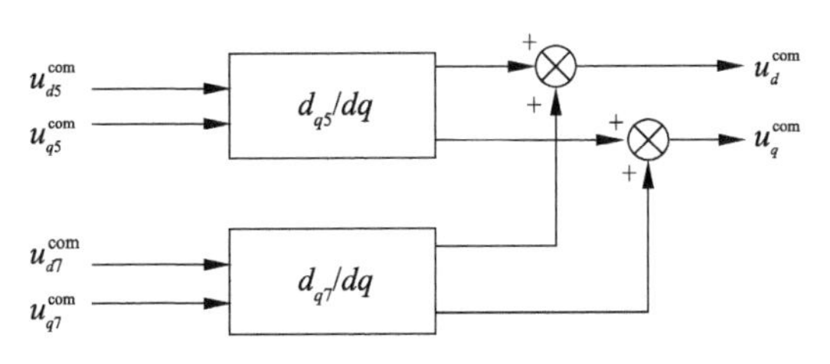

图 4-9　谐波电压补偿量注入框图

4.4　仿真分析

根据上述分析,变换器非线性补偿的实现应先基于 GSDFT 算法将 5 次和 7 次谐波提取出来,再分别转换至 5 次和 7 次谐波旋转坐标系下,采用图 4-7 和图 4-8 所示计算框图进行谐波电压补偿量计算,最后进行总谐波电压补偿量 u_d^{com} 和 u_q^{com} 的注入。整体的补偿方案如图 4-10 所示,并基于此在 MATLAB 仿真环境中进行仿真验证。

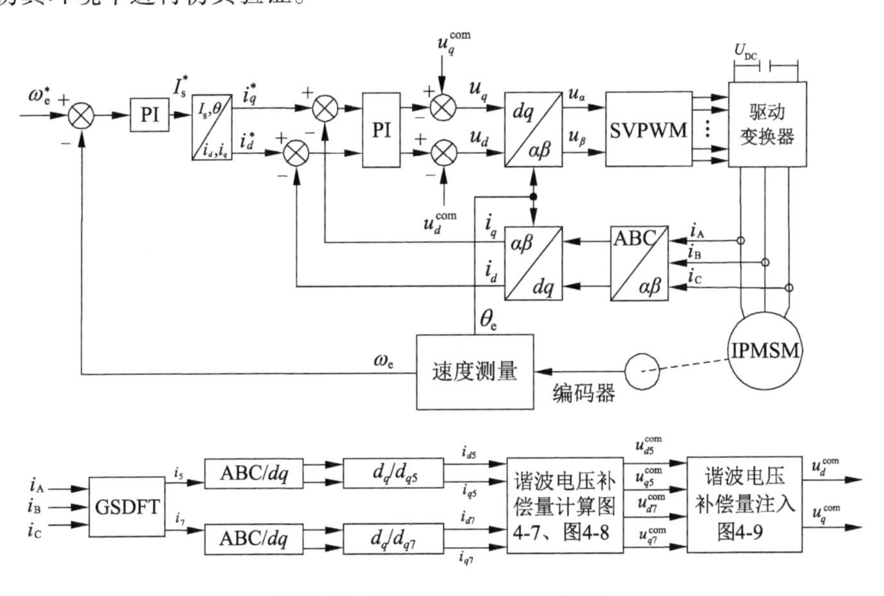

图 4-10　变换器非线性补偿框图

4.4.1　谐波电流分量提取仿真分析

① 进行基于 GSDFT 谐波电流分量提取的仿真分析。假设当 $t=20$ ms

时，在 A 相和 B 相电流中分别注入 5 次和 7 次谐波分量，此时三相电流波形，基于 GSDFT 算法提取出的 5 次、7 次谐波分量，以及谐波提取后的三相电流波形如图 4-11 所示。

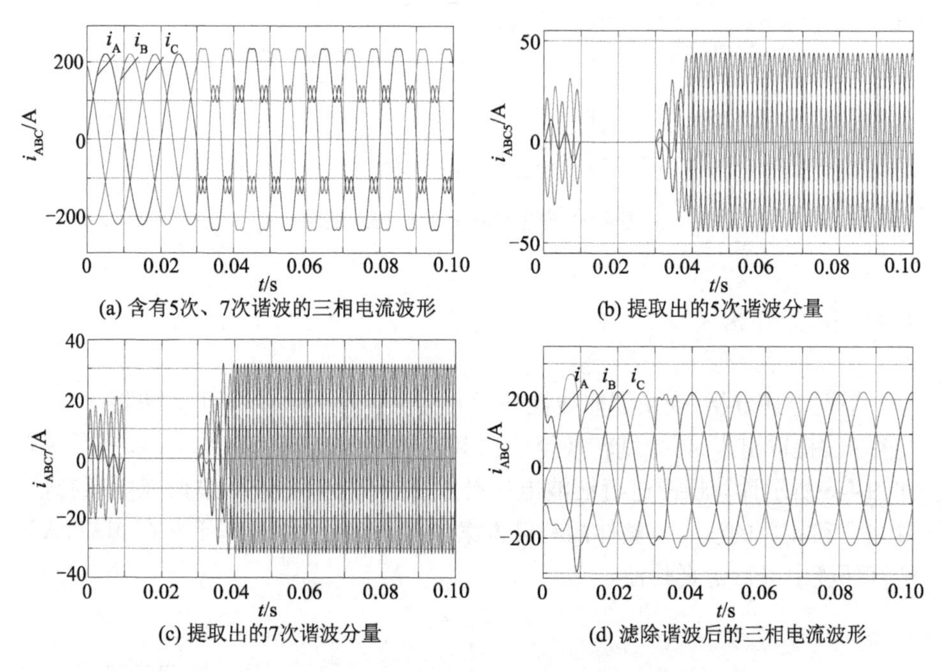

(a) 含有5次、7次谐波的三相电流波形 (b) 提取出的5次谐波分量

(c) 提取出的7次谐波分量 (d) 滤除谐波后的三相电流波形

图 4-11 基于 GSDFT 的 5 次、7 次谐波电流提取效果

由图 4-11 可知，GSDFT 算法不仅能有效提取三相电流中的谐波分量，而且动态提取性能较好，能在半个输入信号周期内完成谐波信号的提取。表 4-1 列出了 DFT、SDFT 和 GSDFT 算法提取 5 次和 7 次谐波的响应时间对比。

表 4-1 三种算法提取 5 次、7 次谐波的响应时间对比

谐波提取方法	5 次谐波提取时间/μs	7 次谐波提取时间/μs	平均提升效率/%
DFT	251.41	228.93	—
SDFT	157.28	143.22	37.44
GSDFT	87.19	78.62	65.49

由表 4-1 可知，GSDFT 谐波分量提取算法在保留了 DFT、SDFT 算法提取效果的基础上，不仅能大幅减少提取时间，而且更易于数字化实现，具有更好的动态性能。

② 验证 GSDFT 算法提取三相电流不平衡分量的有效性。图 4-12 a 为不平衡三相电流波形，其中当 $t = 30$ ms 和 $t = 70$ ms 时，A 相电流幅值分别下降和上升了 20%，图 4-12 b 为基于 GSDFT 算法提取出的两倍频负序电流分量，图 4-12 c 为基于 GSDFT 算法提取出的正序电流分量，图 4-12 d 则为滤除两倍频负序分量后的三相电流波形。

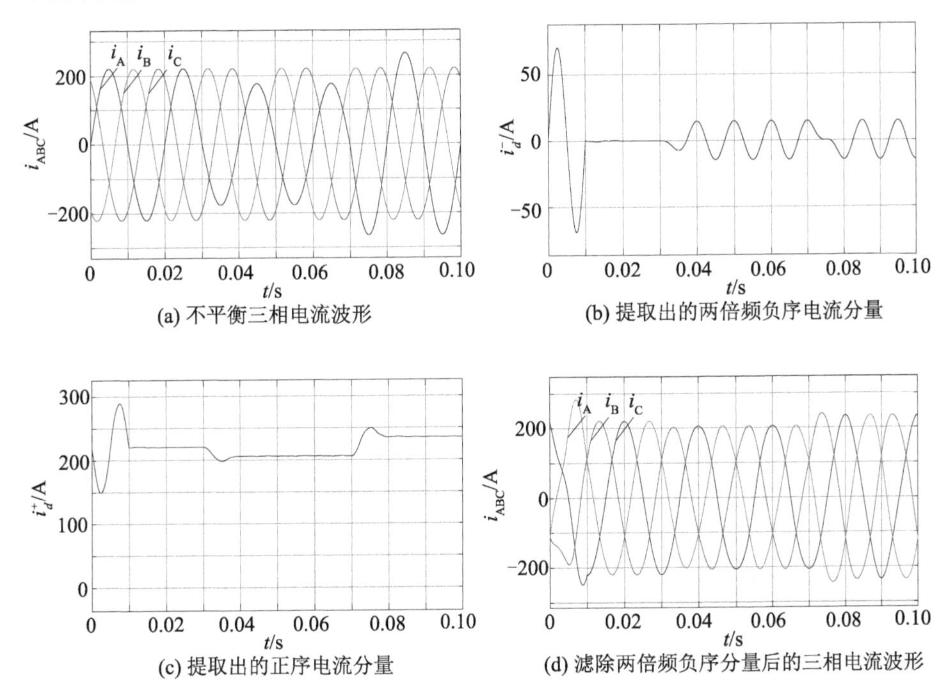

图 4-12　基于 GSDFT 的不平衡电流提取效果

由图 4-12 可知，当三相系统发生负载不平衡时，三相电流中会出现不平衡现象，GSDFT 算法能够快速、准确地分离出正负序分量，响应时间约为半个周期。图 4-13 所示为三相系统负载不平衡且负载突变时（$t = 40$ ms 时，负载突增）的不平衡电流提取效果，验证了 GSDFT 算法良好的动态性能。

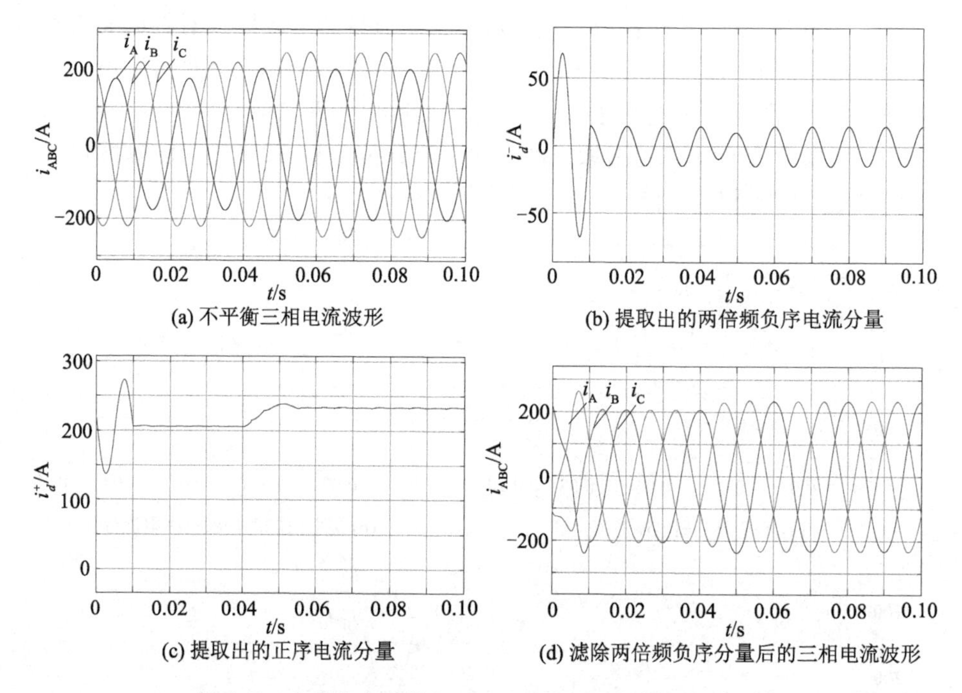

(a) 不平衡三相电流波形
(b) 提取出的两倍频负序电流分量
(c) 提取出的正序电流分量
(d) 滤除两倍频负序分量后的三相电流波形

图 4-13 负载突变时基于 GSDFT 的不平衡电流提取效果

4.4.2 变换器非线性补偿效果仿真

以图 4-10 所示的变换器非线性补偿原理为基础,搭建仿真模型,对比分析补偿前后的定子电流波形。

为更好地显示补偿效果,通过降低开关频率的方式人为地降低定子电流的谐波性能(图 4-14),此时定子电流谐波畸变严重,5 次谐波含量达 12.94%,7 次谐波含量为 7.17%。

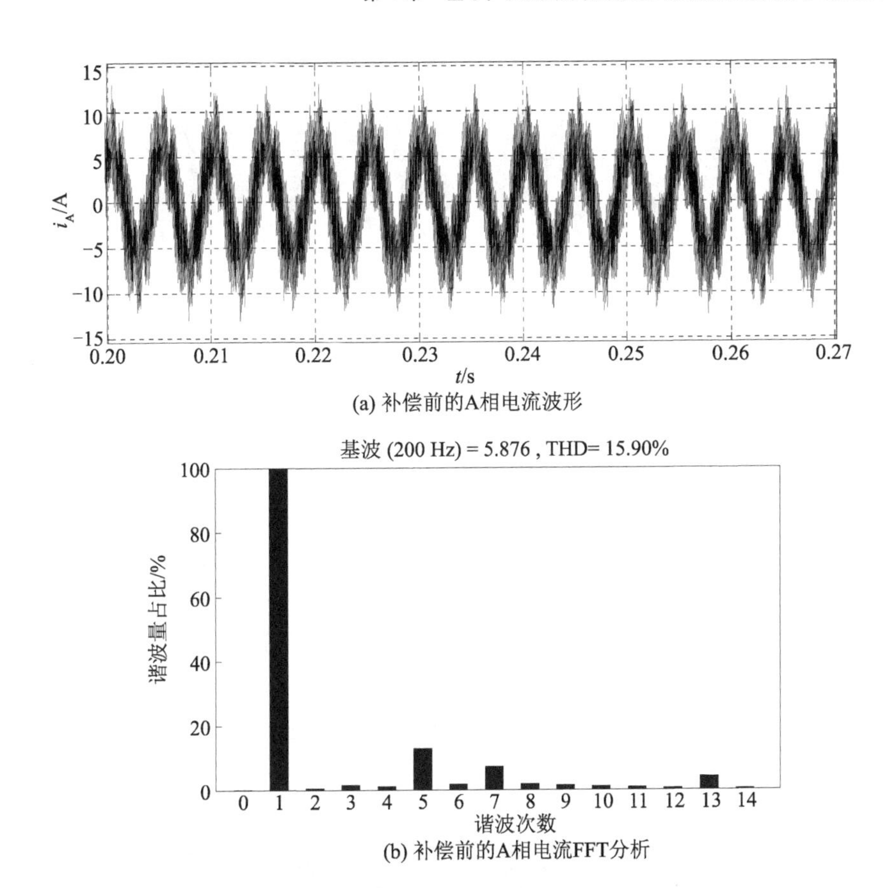

(a) 补偿前的A相电流波形

(b) 补偿前的A相电流FFT分析

图 4-14　补偿前的 A 相定子电流及其 FFT 分析

基于 SDFT 算法提取谐波电流并进行谐波电压计算注入补偿后的 A 相电流及其 FFT 分析如图 4-15 所示，基于 GSDFT 算法对应的 A 相电流及其 FFT 分析如图 4-16 所示。

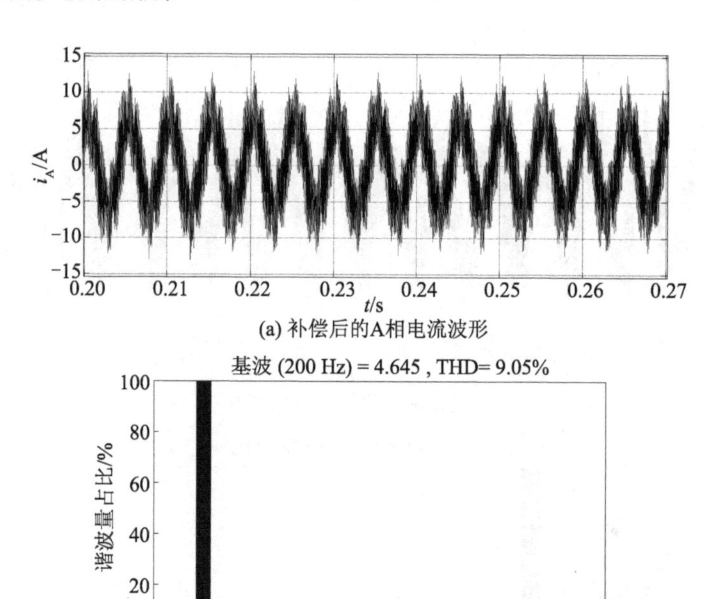

(a) 补偿后的A相电流波形

(b) 补偿后的A相电流FFT分析

图 4-15　基于 SDFT 的补偿后 A 相定子电流及其 FFT 分析

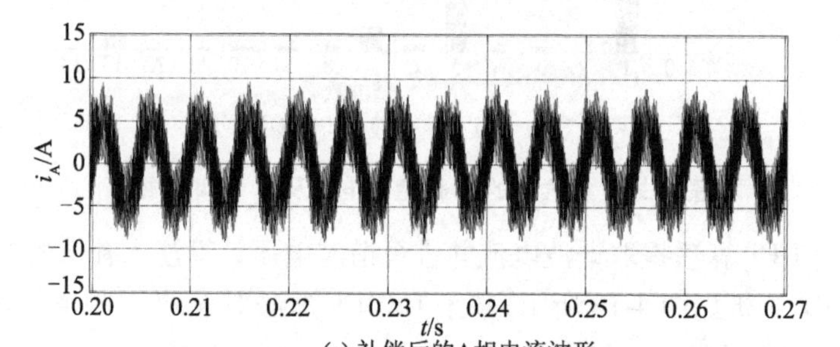

(a) 补偿后的A相电流波形

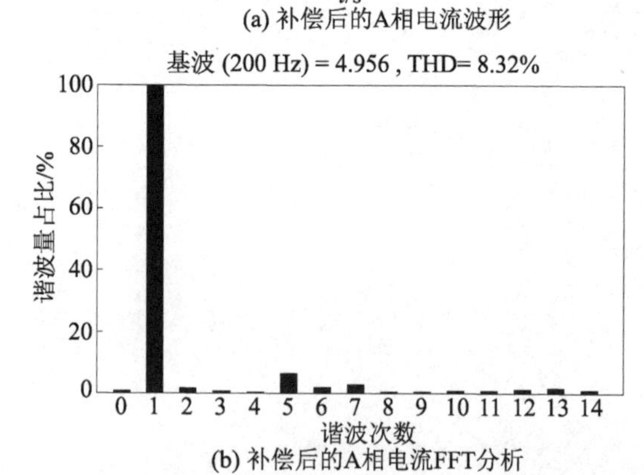

(b) 补偿后的A相电流FFT分析

图 4-16　基于 GSDFT 的补偿后 A 相定子电流及其 FFT 分析

由图 4-15 和图 4-16 可知，无论是基于 SDFT 算法还是基于 GSDFT 算法，先进行谐波电流分量提取、再进行谐波电压补偿注入都能改善变换器非线性特征所造成的定子电流谐波干扰问题，且两者在稳态效果上基本一致；但在提取效率上，GSDFT 算法明显高于 SDFT 算法，因此更加易于数字化实现。

实际系统中，由于器件开关频率较高，补偿后的定子电流基本趋近于正弦波形，具体见实验部分的整体实验结果分析。

4.5　本章小结

本章针对变换器非线性特征导致的电机定子电流谐波干扰问题，研究了适用的非线性补偿方法，具体包括以下方面的研究：

① 以电机定子电流中含有的 5 次、7 次特征次谐波为研究对象，建立了电机的谐波数学模型；为便于谐波补偿，将特征次谐波变换至谐波旋转坐标系下。

② 在分析传统 SDFT 算法提取谐波信号本质的基础上，通过重新设计其传递函数的方式，给出了 GSDFT 算法，能在保留 SDFT 算法提取信号效果的基础上减少提取时间，更易于数字化实现。

③ 将提取到的谐波电流引入谐波补偿电压计算中，并将计算得到的补偿电压注入电机闭环控制系统中，从而有效实现非线性补偿。

第 5 章　内埋式永磁同步电机的无位置传感器转子位置检测

电机高性能驱动控制的实现离不开转子实时位置信息的准确获取，而传统的机械类传感器检测方式，如基于光电编码器、旋转变压器、霍尔位置传感器等的检测方式，不仅会增加控制系统的体积和成本，还会带来传感器信号检测处理以及运行可靠性问题。因此，适用于零速或低速段的电机无位置传感器转子位置检测技术有着重要的理论研究意义和实际应用价值。考虑到所研究电机的凸极效应特征，本书在结合传统高频信号注入法的基础上，通过改变含有转子位置信息的感应信号提取手段，实现全速范围内的转子位置有效检测。同时，延展感应信号提取作用，通过辨别高频感应电流幅值变化进行转子初始位置角辨识。

本章首先介绍传统高频注入法进行转子位置辨识的工作原理，建立高频电压激励下的电机数学模型。其次，通过引入虚拟同步坐标系的方式研究基于 GSDFT 算法的高频感应信号解调方法，并以此为基础实现转子位置的实时检测；同时，结合电机的凸极效应，通过判别高频感应电流幅值的方式进行转子位置角辨识。最后，对不同转速、不同负载的转子位置检测进行较为全面的仿真分析，在验证该控制方案检测效果的同时，基本实现全速范围内的转子位置检测。

5.1　基于高频注入法的转子位置辨识

内埋式永磁同步电机转子具有凸极性。根据电机凸极产生的不同原因可以将其分为结构性凸极和饱和性凸极，前者是电机结构不对称造成的，后者是电机内铁心饱和所致。结构性凸极取决于电机设计时的结构参数，而与电机运行时外加激励及定子电流无关；此类凸极电机可充分利用凸极效应进行转子位置检测，在实现无位置传感器控制中具有明显的应用优势，转子位置的检测精度直接取决于电机的结构，对外部参数的变化不敏感。饱和性凸极的产生原因是磁路饱和，而磁路饱和程度与定子电流幅值大小及方向密切相关,因而饱和性凸极的转子位置随着定子电流的变化而变化,所以相对于转子来说其凸极位置是改变的;此类凸极电机在无位置传感器控制中,观测器的主要任务不再是直接提取转子位置,而是跟踪确定最大饱和位置,这会导致转子位置预估的精度和可靠性不高,易受外界参数变化的影响,但是该方法对永磁体磁极极性辨识有重要意义。

内埋式永磁同步电机属于具有明显结构性凸极的一类电机,其主磁通由嵌在转子内的永磁体建立,而内部的永磁体由一块块小永磁材料拼接而成,在两块小永磁体之间存在缝隙,导致永磁体两端的部分磁力线不经过定子磁钢即可形成通路从而产生漏磁,使得交轴电感大于直轴电感,即 $L_q>L_d$。在低速时反电动势幅值很小且信噪比很低,基于观测反电动势或者磁链的无位置传感器控制方法难以达到令人满意的效果,因此这种依赖于电机结构性凸极的高频注入法得到了越来越广泛的应用。

5.1.1　高频电压激励下的电机数学模型

内埋式永磁同步电机的凸极位置与其转子磁极轴线位置重合,在电机转动时凸极位置随旋转坐标系同步旋转,交、直轴磁路不对称导致在静止坐标系中 L_α 和 L_β 不相等,而且 α 轴和 β 轴间存在与转子位置有关的互感。在 $\alpha\beta$ 两相静止坐标系下 IPMSM 的电感可以表示为

$$\boldsymbol{L}_{\alpha\beta}(\theta_e)=\begin{bmatrix} L-\Delta L\cos(2\theta_e) & -\Delta L\sin(2\theta_e) \\ -\Delta L\sin(2\theta_e) & L+\Delta L\cos(2\theta_e) \end{bmatrix} \tag{5-1}$$

式中:$L=(L_d+L_q)/2$;$\Delta L=(L_q-L_d)/2$;θ_e 为转子位置角。

电机的定子磁链可表述为

$$\boldsymbol{\psi}_s=\boldsymbol{L}_{\alpha\beta}(\theta_e)\boldsymbol{i}_s+\boldsymbol{\psi}_f \tag{5-2}$$

该定子磁链在 $\alpha\beta$ 两相静止坐标系下可展开表述为

$$\begin{aligned}\begin{bmatrix}\psi_\alpha \\ \psi_\beta\end{bmatrix} &=\boldsymbol{L}_{\alpha\beta}(\theta_e)\begin{bmatrix} i_\alpha \\ i_\beta\end{bmatrix}+\begin{bmatrix}\psi_f\sin\theta_e \\ \psi_f\cos\theta_e\end{bmatrix} \\ &=\begin{bmatrix} L-\Delta L\cos(2\theta_e) & -\Delta L\sin(2\theta_e) \\ -\Delta L\sin(2\theta_e) & L+\Delta L\cos(2\theta_e) \end{bmatrix}\begin{bmatrix} i_\alpha \\ i_\beta\end{bmatrix}+\begin{bmatrix}\psi_f\sin\theta_e \\ \psi_f\cos\theta_e\end{bmatrix}\end{aligned} \tag{5-3}$$

由式(5-3)可知,内埋式永磁同步电机的定子磁链中包含了转子位置信息 θ_e,这是电机凸极性对 α 轴电感、β 轴电感以及 α 轴和 β 轴间的互感产生调制作用所致。若将高频旋转电压激励源(一般频率要求远大于电机的基波频率,同时低于开关频率,通常取 0.5~2 kHz)注入定子三相绕组中,由于电机凸极性对定子磁链的调制作用,感应出的高频电流中也会包含转子位置信息;再通过对高频电流响应信号的解调处理,即可得到转子的实时位置。

为分析定子侧注入高频电压之后的响应信号模型，先在 $\alpha\beta$ 两相静止坐标系下重写电机定子电压方程：

$$\begin{bmatrix} u_\alpha \\ u_\beta \end{bmatrix} = R\begin{bmatrix} i_\alpha \\ i_\beta \end{bmatrix} + \boldsymbol{L}_{\alpha\beta}(\theta_e)\begin{bmatrix} \dot{i}_\alpha \\ \dot{i}_\beta \end{bmatrix} + 2\omega_e\begin{bmatrix} \Delta L\sin(2\theta_e) & -\Delta L\cos(2\theta_e) \\ -\Delta L\cos(2\theta_e) & -\Delta L\sin(2\theta_e) \end{bmatrix} + \omega_e\begin{bmatrix} -\psi_f\sin\theta_e \\ \psi_f\cos\theta_e \end{bmatrix} \tag{5-4}$$

由于待注入的高频电压信号的频率要远大于转子运动的频率，故在式(5-4)的电压方程中起主要作用的是 $\boldsymbol{L}_{\alpha\beta}(\theta_e)\dot{\boldsymbol{i}}_s$（等式右边第二项），忽略定子电阻（等式右边第一项）、α 轴和 β 轴间的互感（等式右边第三项）以及反电动势（等式右边第四项）的影响时，式(5-4)可近似表示为

$$\begin{bmatrix} u_\alpha \\ u_\beta \end{bmatrix} = \boldsymbol{L}_{\alpha\beta}(\theta_e)\begin{bmatrix} \dot{i}_\alpha \\ \dot{i}_\beta \end{bmatrix} = \begin{bmatrix} L-\Delta L\cos(2\theta_e) & -\Delta L\sin(2\theta_e) \\ -\Delta L\sin(2\theta_e) & L+\Delta L\cos(2\theta_e) \end{bmatrix}\begin{bmatrix} \dot{i}_\alpha \\ \dot{i}_\beta \end{bmatrix} \tag{5-5}$$

从式(5-5)可以看出，注入高频旋转电压激励后，感应出的高频电流响应信号中包含 $2\theta_e$ 项的转子位置信息。将高频电流信号进行解调即可提取转子位置角，从而实现转子位置预估用于无位置传感器控制。

5.1.2 高频电流响应信号的旋转轨迹

在注入高频旋转电压激励后，电机内产生的高频空间电压矢量在 $\alpha\beta$ 两相静止坐标系下可以表示为

$$\boldsymbol{u}_i^{\alpha\beta} = |\boldsymbol{u}_i|e^{j\omega_i t} \tag{5-6}$$

式中：ω_i 为注入的高频旋转电压激励信号频率，且 $\omega_i \gg \omega_e$；$|\boldsymbol{u}_i|$ 是旋转电压矢量幅值，写成分量形式为

$$\boldsymbol{u}_i^{\alpha\beta} = \begin{bmatrix} u_{i\alpha} \\ u_{i\beta} \end{bmatrix} = |\boldsymbol{u}_i|\begin{bmatrix} \cos(\omega_i t) \\ \sin(\omega_i t) \end{bmatrix} \tag{5-7}$$

忽略定子电阻、旋转电压以及感应电动势的影响时，根据式(5-5)可知，注入高频旋转电压激励后的定子电压方程可近似表示为

$$\begin{bmatrix} \dfrac{d\boldsymbol{i}_{i\alpha}}{dt} \\ \dfrac{d\boldsymbol{i}_{i\beta}}{dt} \end{bmatrix} = \boldsymbol{L}_{\alpha\beta}(\theta_e)^{-1}\begin{bmatrix} u_{i\alpha} \\ u_{i\beta} \end{bmatrix} = \begin{bmatrix} L_0-\Delta L\cos(2\theta_e) & -\Delta L\sin(2\theta_e) \\ -\Delta L\sin(2\theta_e) & L_0+\Delta L\cos(2\theta_e) \end{bmatrix}^{-1}\begin{bmatrix} u_{i\alpha} \\ u_{i\beta} \end{bmatrix} \tag{5-8}$$

式中：$\boldsymbol{i}_{i\alpha}$ 和 $\boldsymbol{i}_{i\beta}$ 为注入高频旋转电压激励产生的高频电流矢量。

将式(5-7)代入式(5-8),并对等式两边积分可得

$$\begin{bmatrix} \boldsymbol{i}_{i\alpha} \\ \boldsymbol{i}_{i\beta} \end{bmatrix} = \frac{|\boldsymbol{u}_i|}{\omega_i(L^2-\Delta L^2)} \begin{bmatrix} L+\Delta L\cos(2\theta_e) & \Delta L\sin(2\theta_e) \\ \Delta L\sin(2\theta_e) & L_0-\Delta L\cos(2\theta_e) \end{bmatrix} \begin{bmatrix} \sin(\omega_i t) \\ -\cos(\omega_i t) \end{bmatrix} \tag{5-9}$$

化简式(5-9)可得

$$\begin{bmatrix} \boldsymbol{i}_{i\alpha} \\ \boldsymbol{i}_{i\beta} \end{bmatrix} = \frac{|\boldsymbol{u}_i|}{\omega_i(L^2-\Delta L^2)} \begin{bmatrix} L\sin(\omega_i t)-\Delta L\sin(2\theta_e-\omega_i t) \\ -L\cos(\omega_i t)+\Delta L\cos(2\theta_e-\omega_i t) \end{bmatrix} \tag{5-10}$$

令 $I_{ip}=\frac{|\boldsymbol{u}_i|}{\omega_i}\left(\frac{L}{L^2-\Delta L^2}\right)$,$I_{in}=\frac{|\boldsymbol{u}_i|}{\omega_i}\left(\frac{\Delta L}{L^2-\Delta L^2}\right)$,则式(5-10)可改写成

$$\begin{bmatrix} \boldsymbol{i}_{i\alpha} \\ \boldsymbol{i}_{i\beta} \end{bmatrix} = \begin{bmatrix} I_{ip}\sin(\omega_i t)-I_{in}\sin(2\theta_e-\omega_i t) \\ -I_{ip}\cos(\omega_i t)+I_{in}\cos(2\theta_e-\omega_i t) \end{bmatrix} \tag{5-11}$$

式(5-11)的矢量形式可表述为

$$\boldsymbol{i}_i^{\alpha\beta}=\boldsymbol{i}_{ip}+\boldsymbol{i}_{in}=I_{ip}\mathrm{e}^{\mathrm{j}\left(\omega_i t-\frac{\pi}{2}\right)}+I_{in}\mathrm{e}^{\mathrm{j}\left(2\theta_e-\omega_i t+\frac{\pi}{2}\right)} \tag{5-12}$$

由式(5-11)、式(5-12)可以看出,注入电机定子侧的高频旋转电压激励源经凸极调制后,产生高频电流响应信号,该高频电流响应信号中含有转子位置信息。进一步分解可知,该高频电流响应信号中包含正序分量和负序分量,其中负序分量中含有转子磁极位置信息。因而通过对高频电流响应信号的解调可以提取出负序分量中的转子位置,用于实现无位置传感器控制。

为进一步验证高频电流响应信号中包含的转子位置信息,将式(5-12)所示的高频电流响应信号变换到 dq 坐标系下,有

$$\boldsymbol{i}_i^{dq}=\boldsymbol{i}_i^{\alpha\beta}\mathrm{e}^{-\mathrm{j}\theta_e}=I_{ip}\mathrm{e}^{\mathrm{j}\left(\omega_i t-\frac{\pi}{2}-\theta_e\right)}+I_{in}\mathrm{e}^{\mathrm{j}\left(\theta_e-\omega_i t+\frac{\pi}{2}\right)} \tag{5-13}$$

在 dq 坐标系下,定义正序分量为 $\boldsymbol{i}_{ip}^{dq}=I_{ip}\mathrm{e}^{\mathrm{j}\left(\omega_i t-\frac{\pi}{2}-\theta_e\right)}$,负序分量为 $\boldsymbol{i}_{in}^{dq}=I_{in}\mathrm{e}^{\mathrm{j}\left(\theta_e-\omega_i t+\frac{\pi}{2}\right)}$,则式(5-13)可表示为

$$\boldsymbol{i}_i^{dq}=\boldsymbol{i}_{ip}^{dq}+\boldsymbol{i}_{in}^{dq}=I_{ip}\mathrm{e}^{\mathrm{j}\left(\omega_i t-\frac{\pi}{2}-\theta_e\right)}+I_{in}\mathrm{e}^{\mathrm{j}\left(\theta_e-\omega_i t+\frac{\pi}{2}\right)} \tag{5-14}$$

将式(5-14)改写成分量形式,有

$$\begin{cases} i_{id}=I_{ip}\cos\left(\omega_i t-\theta_e-\frac{\pi}{2}\right)+I_{in}\cos\left(-\omega_i t+\theta_e+\frac{\pi}{2}\right)=(I_{ip}+I_{in})\cos\left(\omega_i t-\theta_e-\frac{\pi}{2}\right) \\ i_{iq}=I_{ip}\sin\left(\omega_i t-\theta_e-\frac{\pi}{2}\right)+I_{in}\sin\left(-\omega_i t+\theta_e+\frac{\pi}{2}\right)=(I_{ip}-I_{in})\sin\left(\omega_i t-\theta_e-\frac{\pi}{2}\right) \end{cases} \tag{5-15}$$

分析式(5-15),其满足

$$\frac{i_{id}^2}{(I_{ip}+I_{in})^2}+\frac{i_{iq}^2}{(I_{ip}-I_{in})^2}=1 \tag{5-16}$$

由式(5-16)可知,高频响应电流矢量在旋转坐标系下的轨迹是一椭圆,如图 5-1 所示。

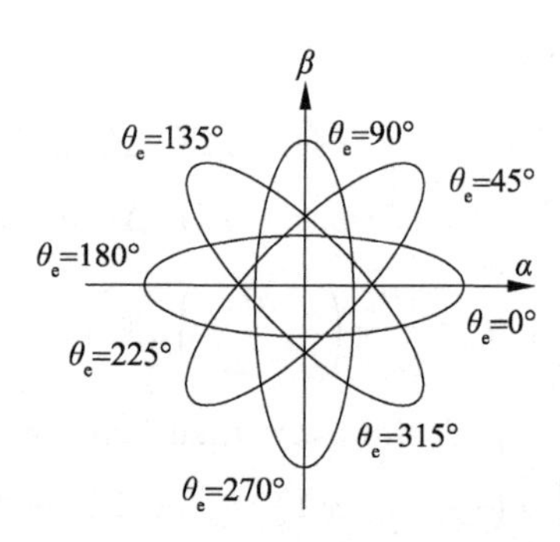

图 5-1　高频响应电流的轨迹图

图 5-1 所示的高频响应电流轨迹的长、短轴长分别为($I_{ip}+I_{in}$)和($I_{ip}-I_{in}$),且长轴与转子磁极轴线(即 d 轴)重合。当电机运动时,dq 坐标系以及高频响应电流矢量轨迹的长轴均随转子的旋转而旋转。从图 5-1 中还可以看出,高频响应电流矢量的运动轨迹中包含了转子 N/S 磁极位置信息,但是直接由式(5-15)提取转子磁极位置 θ_e,难度较大且提取精度不高。

高频响应电流中包含转子位置信息,且该高频响应电流轨迹中包含转子磁极位置信息,因此,如何采用有效的方法将转子磁极位置信息从高频电流响应信号中提取出来,成为实现无位置传感器转子位置检测的关键。

5.2　基于 GSDFT 算法的转子位置检测

5.2.1　外差法转子位置检测

由上述分析可知,虽然高频电流响应信号中含有转子位置信息,但此位置信息仅包含在上述信号的负序分量中,需要研究有效的负序信号提取方法,才能实现转子位置检测。传统地,可采用外差法提取负序分量,进而提取转子位置信息,其基本思路为:首先,通过同步坐标系下的滤波器将正序分量滤除,得到仅含有转子位置信息的负序分量;其次,对负序分量外乘一个与转子位置相关的三角函数,进而近似得到实际位置与估计位置的误差信号;最后,将上述误差信号通过观测器或 PI 调节器调节至零,此时得到的转子估计位置即为实际转子位置。

具体来说,将式(5-11)中的 $i_{i\beta}$ 和 $i_{i\alpha}$ 分别与 $\cos(2\theta_e-\omega_i t)$ 和 $\sin(2\theta_e-\omega_i t)$ 相乘再求其差值,可得

$$\varepsilon=i_{i\beta}\cos(2\hat{\theta}_e-\omega_i t)-i_{i\alpha}\sin(2\hat{\theta}_e-\omega_i t) \tag{5-17}$$

进一步将式(5-11)代入式(5-17),整理后得

$$\varepsilon=I_{ip}\sin[2(\omega_i t-\hat{\theta}_e)]+I_{in}\sin[2(\theta_e-\hat{\theta}_e)] \tag{5-18}$$

式(5-18)包括两部分:第一部分是频率为 $2(\omega_i t-\hat{\theta}_e)=2(\omega_i t-\hat{\omega}_e t)$ 的高频项;第二部分是包含所需的转子磁极位置信息的实际值 θ_e,当 $\hat{\omega}_e$ 趋近 ω_e 时,即 $\hat{\theta}_e$ 趋近 θ_e 时,这一部分趋近直流量。采用低通滤波器将第一部分高频项滤除后,式(5-18)可简化为

$$\varepsilon_f=I_{in}\sin[2(\theta_e-\hat{\theta}_e)]\approx 2I_{in}(\theta_e-\hat{\theta}_e) \tag{5-19}$$

将式(5-19)所示的位置误差项作为龙贝格观测器或PI调节器中的输入,进行闭环调节,直到误差项为0,此时 $\hat{\theta}_e\approx\theta_e$,对应的原理如图5-2所示。

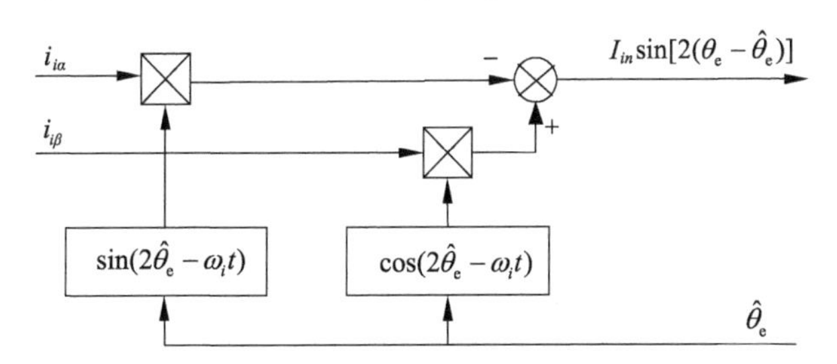

图5-2　外差法解调原理框图

基于外差法的转子位置信息提取方法虽然不依赖于电机参数,但是在信号处理过程中使用了大量的滤波器用于提取出含有位置信息的负序分量,滤波器的使用又不可避免地带来相位的延迟,因而影响转子位置估计精度。另外,外差法外乘的三角函数与高频注入信号有关,传统分析方法中均忽略了注入信号初始相位对观测误差的影响,但在实际中由于采样、通信、信号处理的延时,得到的转子位置角中叠加了注入信号的初始相位角,造成位置信息的估计误差。因此,本书提出了一种基于GSDFT算法的新型转子位置信息提取方法。

5.2.2　基于GSDFT算法的转子位置检测

为分析基于GSDFT算法的转子位置检测原理,在 dq 同步旋转坐标系的基础上,引入一个虚拟坐标系 $d'q'$,其中 d' 轴与A轴的夹角为 θ_e'。该虚拟坐

标系与原 dq 坐标系的关系如图 5-3 所示。

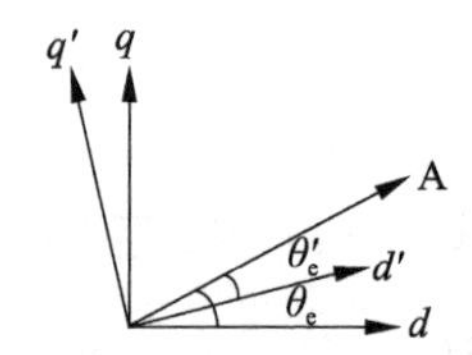

图 5-3 虚拟坐标系与原同步旋转坐标系的关系

定义两个坐标系之间的角度偏差为 $\Delta\theta_e=\theta_e-\theta_e'$，则两者对应的变换矩阵为

$$\boldsymbol{T}_{d'q'\to dq}=\begin{bmatrix}\cos(\Delta\theta_e) & \sin(\Delta\theta_e)\\ -\sin(\Delta\theta_e) & \cos(\Delta\theta_e)\end{bmatrix} \tag{5-20}$$

当在电机定子侧注入高频激励电压信号时，定子绕组中会产生高频感应电流分量，该分量产生的定子磁链分量为

$$\begin{bmatrix}\psi_{id}\\ \psi_{iq}\end{bmatrix}=\begin{bmatrix}L_d & 0\\ 0 & L_q\end{bmatrix}\begin{bmatrix}i_{id}\\ i_{iq}\end{bmatrix} \tag{5-21}$$

式中：i_{id} 和 i_{iq} 分别为高频电流的 d 轴和 q 轴分量；ψ_{id} 和 ψ_{iq} 分别为对应产生的定子磁链分量。

基于式(5-20)的变换矩阵，可将高频感应电流及其产生的定子磁链分量转换到虚拟 $d'q'$坐标系下，得到

$$\begin{bmatrix}i_{id}\\ i_{iq}\end{bmatrix}=\boldsymbol{T}_{d'q'\to dq}\begin{bmatrix}i_{id'}\\ i_{iq'}\end{bmatrix} \tag{5-22}$$

$$\begin{bmatrix}\psi_{id}\\ \psi_{iq}\end{bmatrix}=\boldsymbol{T}_{d'q'\to dq}\begin{bmatrix}\psi_{id'}\\ \psi_{iq'}\end{bmatrix} \tag{5-23}$$

联立式(5-21)~式(5-23)，则有

$$\boldsymbol{T}_{d'q'\to dq}\begin{bmatrix}\psi_{id'}\\ \psi_{iq'}\end{bmatrix}=\begin{bmatrix}L_d & 0\\ 0 & L_q\end{bmatrix}\boldsymbol{T}_{d'q'\to dq}\begin{bmatrix}i_{id'}\\ i_{iq'}\end{bmatrix} \tag{5-24}$$

由式(5-24)可计算得到高频感应定子电流在 $d'q'$坐标系中的值为

$$\begin{aligned}\begin{bmatrix}i_{id'}\\ i_{iq'}\end{bmatrix}&=\boldsymbol{T}_{d'q'\to dq}{}^{-1}\begin{bmatrix}L_d & 0\\ 0 & L_q\end{bmatrix}^{-1}\boldsymbol{T}_{d'q'\to dq}\begin{bmatrix}\psi_{id'}\\ \psi_{iq'}\end{bmatrix}\\ &=\frac{1}{L_\Sigma^2-L_\Delta^2}\begin{bmatrix}L_\Sigma+L_\Delta\cos(2\Delta\theta_e) & L_\Delta\sin(2\Delta\theta_e)\\ L_\Delta\sin(2\Delta\theta_e) & L_\Sigma-L_\Delta\cos(2\Delta\theta_e)\end{bmatrix}\begin{bmatrix}\psi_{id'}\\ \psi_{iq'}\end{bmatrix}\end{aligned} \tag{5-25}$$

式中：$L_\Sigma=(L_d+L_q)/2$；$L_\Delta=(L_q-L_d)/2$。

假设注入电机定子侧的高频电压激励源为

$$\begin{bmatrix} u_{id'} \\ u_{iq'} \end{bmatrix} = U_i \begin{bmatrix} \sin(\omega_i t) \\ \cos(\omega_i t) \end{bmatrix} \tag{5-26}$$

则根据电机电磁关系，该高频电压激励源与高频感应电流产生的磁链之间满足以下关系：

$$\begin{bmatrix} \psi_{id'} \\ \psi_{iq'} \end{bmatrix} = \frac{U_i}{\omega_i} \begin{bmatrix} -\cos(\omega_i t) \\ \sin(\omega_i t) \end{bmatrix} \tag{5-27}$$

将式(5-27)代入式(5-25)，则有

$$\begin{aligned} \begin{bmatrix} i_{id'} \\ i_{iq'} \end{bmatrix} &= \frac{U_i}{\omega_i(L_\Sigma^2 - L_\Delta^2)} \begin{bmatrix} L_\Sigma + L_\Delta\cos(2\Delta\theta_e) & L_\Delta\sin(2\Delta\theta_e) \\ L_\Delta\sin(2\Delta\theta_e) & L_\Sigma - L_\Delta\cos(2\Delta\theta_e) \end{bmatrix} \begin{bmatrix} -\cos(\omega_i t) \\ \sin(\omega_i t) \end{bmatrix} \\ &= \frac{U_i}{\omega_i(L_\Sigma^2 - L_\Delta^2)} \begin{bmatrix} -L_\Sigma\cos(\omega_i t) - L_\Delta\cos(2\Delta\theta_e)\cos(\omega_i t) + L_\Delta\sin(2\Delta\theta_e)\sin(\omega_i t) \\ -L_\Delta\sin(2\Delta\theta_e)\cos(\omega_i t) + L_\Sigma\sin(\omega_i t) - L_\Delta\cos(2\Delta\theta_e)\sin(\omega_i t) \end{bmatrix} \end{aligned} \tag{5-28}$$

式(5-28)可进一步简化为

$$\begin{cases} i_{id'} = -[I_{i0} + I_{i1}\cos(2\Delta\theta_e)]\cos(\omega_i t) + I_{i1}\sin(2\Delta\theta_e)\sin(\omega_i t) \\ i_{iq'} = -I_{i1}\sin(2\Delta\theta_e)\cos(\omega_i t) + [I_{i0} - I_{i1}\cos(2\Delta\theta_e)]\sin(\omega_i t) \end{cases} \tag{5-29}$$

式中：$I_{i0} = \dfrac{U_i L_\Sigma}{\omega_i(L_\Sigma^2 - L_\Delta^2)}$；$I_{i1} = \dfrac{U_i L_\Delta}{\omega_i(L_\Sigma^2 - L_\Delta^2)}$。

由式(5-29)可计算得到高频感应定子电流在 $d'q'$ 坐标系下的幅值为

$$\begin{cases} |i_{id'}| = \sqrt{[I_{i0} + I_{i1}\cos(2\Delta\theta_e)]^2 + [I_{i1}\sin(2\Delta\theta_e)]^2} \\ |i_{iq'}| = \sqrt{[I_{i1}\sin(2\Delta\theta_e)]^2 + [I_{i0} - I_{i1}\cos(2\Delta\theta_e)]^2} \end{cases}$$

$$\Rightarrow \begin{cases} |i_{id'}|^2 = I_{i0}^2 + I_{i1}^2 + 2I_{i1}I_{i0}\cos(2\Delta\theta_e) \\ |i_{iq'}|^2 = I_{i0}^2 + I_{i1}^2 - 2I_{i1}I_{i0}\cos(2\Delta\theta_e) \end{cases} \tag{5-30}$$

进一步可有

$$|i_{id'}|^2 - |i_{iq'}|^2 = 4I_{i1}I_{i0}\cos(2\Delta\theta_e) \tag{5-31}$$

由式(5-31)可知，高频感应定子电流在 $d'q'$ 坐标系下的幅值差与两个旋转坐标系角度差 $\Delta\theta_e$ 的余弦值有关。为便于分析，将本小节伊始定义的 $d'q'$ 虚拟同步坐标系再旋转 $\pi/4$ 角度，即变为 $d''q''$ 虚拟同步坐标系，对应的坐标变换矩阵为

$$
\boldsymbol{T}_{d''q''\to d'q'}=\begin{bmatrix}\cos\left(\Delta\theta_{\mathrm{e}}-\dfrac{\pi}{4}\right) & \sin\left(\Delta\theta_{\mathrm{e}}-\dfrac{\pi}{4}\right)\\ -\sin\left(\Delta\theta_{\mathrm{e}}-\dfrac{\pi}{4}\right) & \cos\left(\Delta\theta_{\mathrm{e}}-\dfrac{\pi}{4}\right)\end{bmatrix} \tag{5-32}
$$

在 $d''q''$虚拟同步坐标系下，式(5-31)可转化为

$$
|i_{id''}|^2-|i_{iq''}|^2=4I_{i1}I_{i0}\cos\left[2\left(\Delta\theta_{\mathrm{e}}-\frac{\pi}{4}\right)\right]=4I_{i1}I_{i0}\sin(2\Delta\theta_{\mathrm{e}})\approx 8I_{i1}I_{i0}\Delta\theta_{\mathrm{e}} \tag{5-33}
$$

假设式(5-33)的左边量是已知量，那么含有角度偏差 $\Delta\theta_{\mathrm{e}}$ 的右边项可通过观测器或 PI 调节器调节至零，此时 $\Delta\theta_{\mathrm{e}}\approx 0$，即 $\theta_{\mathrm{e}}\approx\theta_{\mathrm{e}}'$，实现了转子位置信息 θ_{e} 的有效提取。

考虑到式(5-33)的左边量是高频感应定子电流在 $d''q''$坐标系下的分量，可采用第 4 章研究的 GSDFT 算法进行信号幅值的提取，对应的转子位置检测原理如图 5-4 所示。

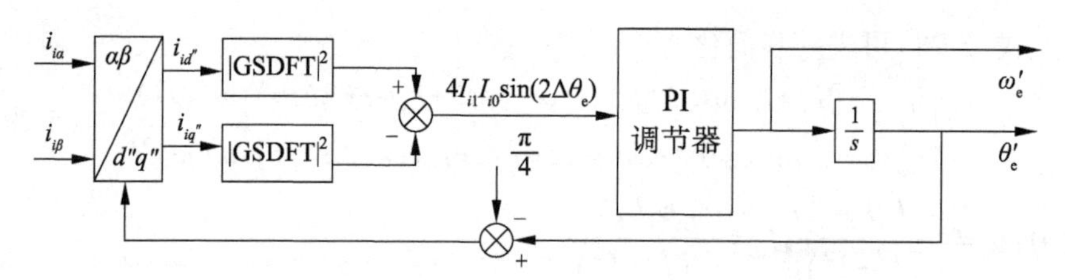

图 5-4 基于 GSDFT 算法的转子位置检测原理图

5.3 转子初始位置角检测

与异步电机不同的是，同步电机需要进行初始位置角检测，如果初始位置角信息有误，那么轻则影响电机的磁链与力矩的解耦效果，进而影响控制性能，重则导致启动过程存在长时间的冲击电流，对驱动变换器及定子绕组不利，甚至造成系统失稳。基于反电动势或者磁链观测原理的无位置传感器控制技术，由于电机静止时反电动势为 0，故无法进行有效的初始位置角检测。基于电机本身凸极效应的信号注入法，其高频电流响应信号中包含的转子位置信息在电机静止时依然存在，因而非常适用于无位置传感器控制中的转子初始位置检测。但是，高频信号注入法中转子位置信息以 $2\Delta\theta_{\mathrm{e}}$ 形式存在于高频电流响应中，无法直接辨识转子磁极的 N/S 极性。可利用二阶泰勒级数将磁链展开，根据二次项系数判别 N/S 极，但这种方法运算量大，且数字化

实现时软件编程复杂。本书在前文基于 GSDFT 算法进行转子位置检测的基础上，通过比较高频电流幅值变化特性来判别磁极极性。

一般来说，电机定子铁心的饱和程度与 d 轴电流大小有关。当 d 轴电流产生的磁通分量与转子磁通方向相同时，饱和程度增强；当 d 轴电流产生的磁通分量与转子磁通方向相反时，饱和程度减弱。由于这种饱和效应的存在，当注入高频旋转电压激励时，产生的高频电流响应会受到调制。当高频电流响应矢量转到转子 N 极时，幅值达到最大；相反，当转到转子 S 极时，饱和程度减弱，电感增大，电流幅值减小。因此，可以通过检测高频电流响应信号幅值辨识转子磁极 N/S 极性。

根据上述原理，检测高频电流响应信号的幅值达到最大时对应的相位，即可得到转子 N 极的位置 θ_N，这个角度与转子实际位置角误差较大，但可以用来判断磁极极性。将 θ_N 与 5.2 节中基于 GSDFT 算法提取出的转子位置角 θ_e' 进行比较，若二者相差小于 90°，则提取出的转子位置角 θ_e' 即为实际转子位置角；若二者相差大于 90°，则提取出的转子位置角 θ_e' 为 S 极位置，加上 180° 即为实际转子位置角。考虑 N/S 极性辨识的 GSDFT 算法转子位置角提取原理如图 5-5 所示。

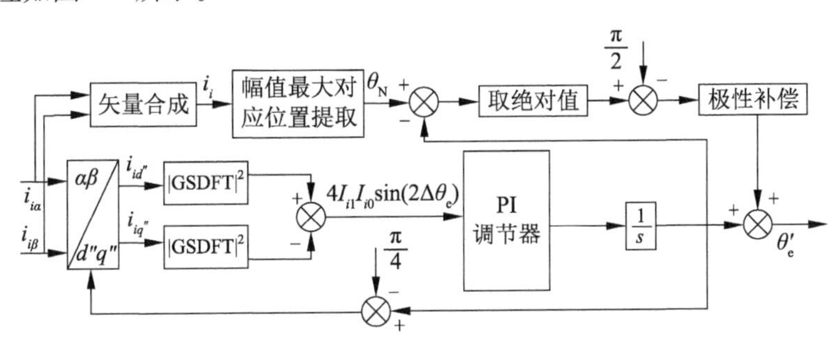

图 5-5　考虑 N/S 极性辨识的 GSDFT 算法转子位置角提取原理框图

5.4　仿真分析

为验证 IPMSM 无位置传感器转子位置检测方案的有效性与可行性，在 MATLAB 仿真环境中进行相应的验证分析。需要注意的是，在 MATLAB 仿真中，永磁同步电机数学模型是建立于忽略饱和效应的基础之上的，因此无法依据铁心饱和特性进行磁极极性辨识的仿真。将仿真中转子初始位置设为 0°，在实验章节中再进行实物电机的初始位置检测方法验证。仿真电机参数同前文，注入的高频旋转电压频率为 1250 Hz，幅值为 6 V。高频电流响应信号的旋转轨迹仿真如图 5-6 所示。

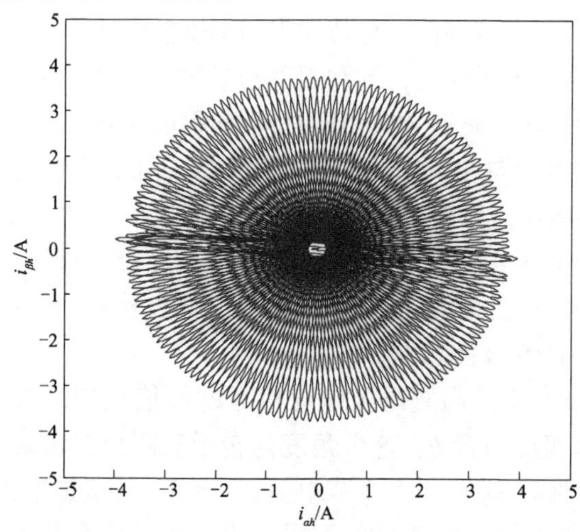

图 5-6　高频电流响应信号的旋转轨迹

由图 5-6 可以看出，含有转子位置信息的高频响应电流轨迹为一椭圆，且按照逆时针方向旋转，仿真中可以发现椭圆的长、短轴长的比值与电机的凸极率相关，凸极率越大椭圆形状越扁。

当转速 $n=5$ rad/s 时，高频响应电流的 d 轴分量，以及利用 GSDFT 算法提取的含有转子位置信息的电流分量的幅值波形如图 5-7 a 所示，图 5-7 b 为对应的放大图。从图中可以看出，GSDFT 算法能快速有效地提取出高频电流响应信号的幅值。

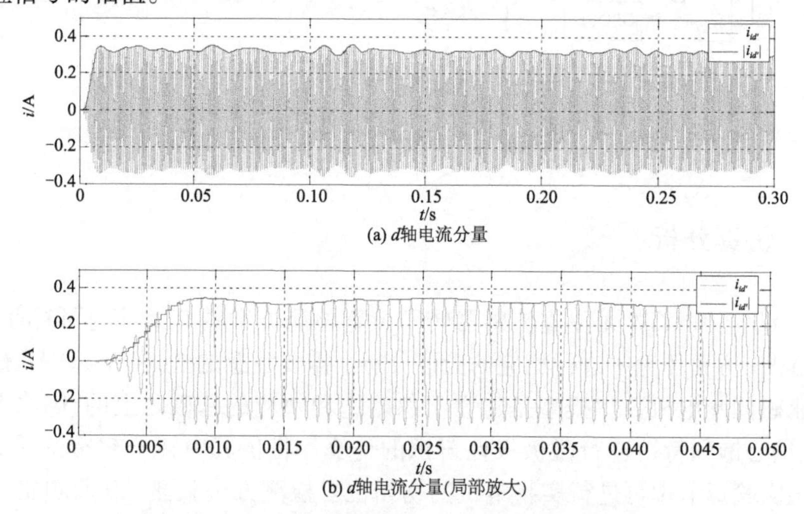

图 5-7　基于 GSDFT 算法的高频电流响应信号提取

图 5-8 所示为转速 $n=5$ rad/s 时，基于 GSDFT 算法提取的含有转子位置角度的误差项 $4I_{i1}I_{i0}\sin(2\Delta\theta_e)$ 的波形。由前文分析可知，当 $\theta_e \approx \theta_e'$ 时，d 轴、q 轴电流分量幅值的平方值为一常量，得到的转子位置误差项 $4I_{i1}I_{i0}\sin(2\Delta\theta_e)$ 为 0。由结果可知，提取出的幅值平方值以及转子位置误差项均在一个很小的范围内波动，这验证了前述理论分析。

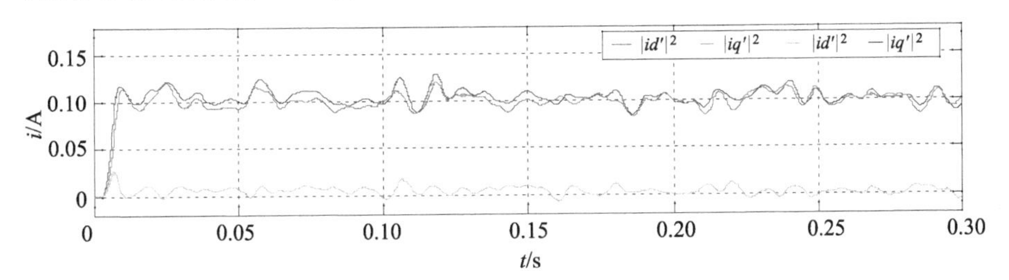

图 5-8　基于 GSDFT 算法提取的误差项 $4I_{i1}I_{i0}\sin(2\Delta\theta_e)$ 波形

图 5-9 所示为转速 $n=5$ rad/s 时得到的转子位置角实际值与估计值，以及转速实际值与估计值。从图中可以看出，稳态时转子位置及转速的估计值与实际值吻合，估计精度高而且算法收敛速度快，动态性能好。

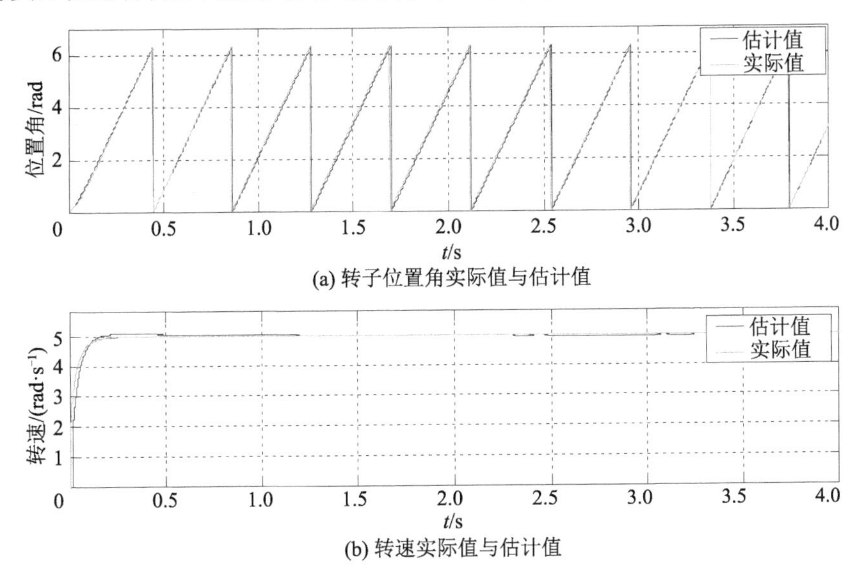

(a) 转子位置角实际值与估计值

(b) 转速实际值与估计值

图 5-9　转子位置角与转速

图 5-10 所示为空载时转速从 1 rad/s 稳态运行阶跃至 10 rad/s 后，转子位置角以及转速的仿真波形。从图中可以看出，转速估计值以及基于 GSDFT 算法提取出的转子位置角与实际值相吻合，估计精度高，而且在过渡过程中

依然能够跟随实际值变化,具有良好的动态跟随性能。

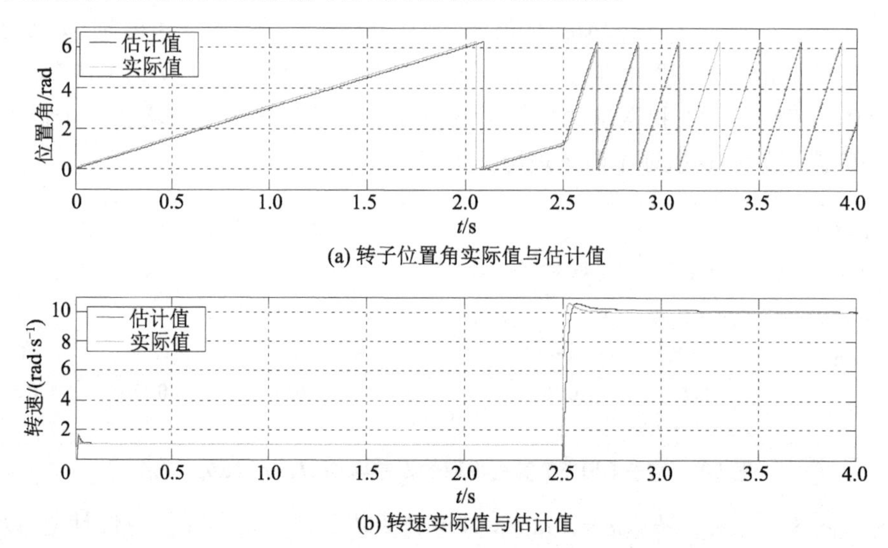

(a) 转子位置角实际值与估计值

(b) 转速实际值与估计值

图 5-10 转速突变仿真波形

图 5-11 所示为负载突变时的仿真波形。由图可知,空载条件下转速达到 5 rad/s 稳定运行后,在 1 s 时突加额定负载,转速跌落至 4 rad/s 后迅速跟随给定值维持 5 rad/s 稳定运行,具有较好的抗负载扰动性能。

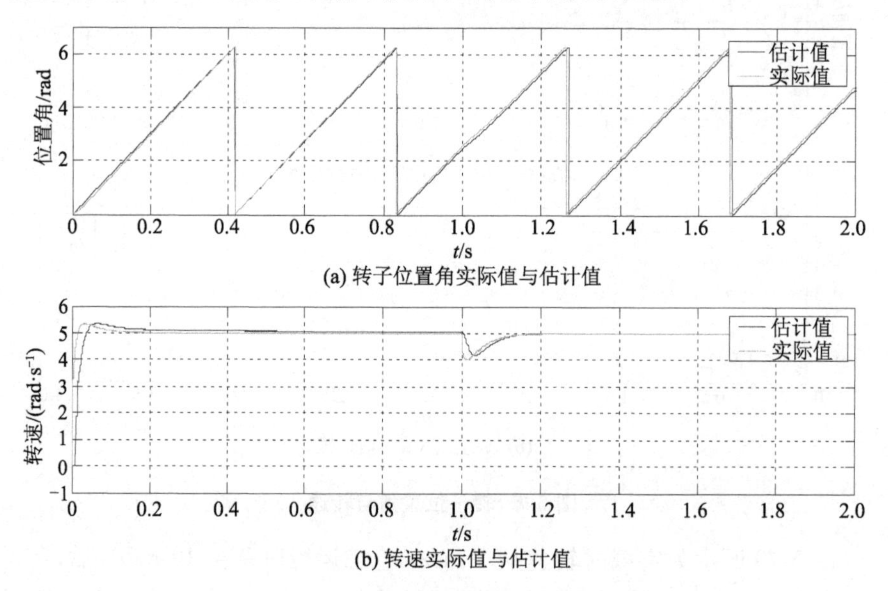

(a) 转子位置角实际值与估计值

(b) 转速实际值与估计值

图 5-11 负载突变仿真波形

图 5-12 所示为给定转速为 0 rad/s 时,负载突变的仿真波形。由图可知,在 0.5 s 时,负载由 0 N · m 突增至 3 N · m,此时电机实际转速出现少许波动后迅速恢复至静止状态,转速估计值能够实现转速的跟随;稳定运行 1 s 时,负载由 3 N · m 突减至 0 N · m,整个过程中电机保持静止,说明无位置传感器转子位置检测方法在低速甚至零速时仍然有效。

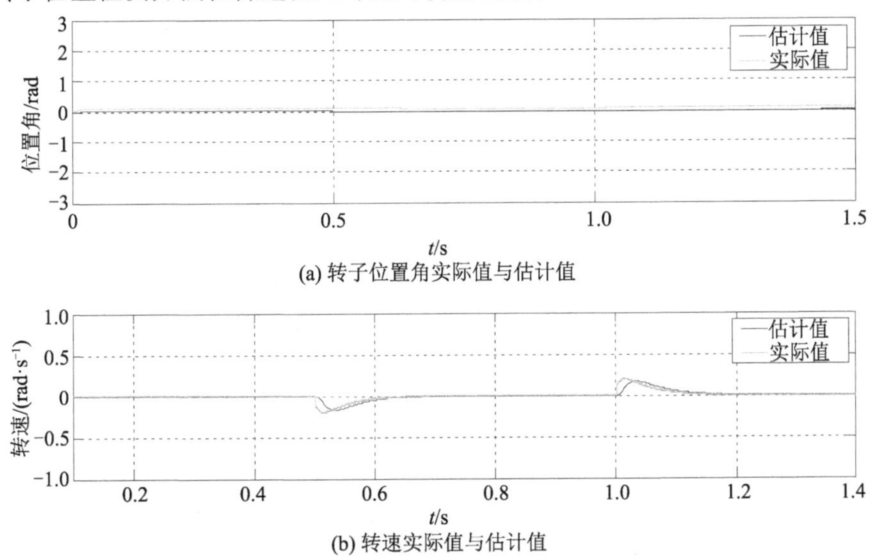

(a) 转子位置角实际值与估计值

(b) 转速实际值与估计值

图 5-12　0 rad/s 时负载突变仿真波形

5.5　本章小结

本章针对内埋式永磁同步电机的无位置传感器转子位置检测问题,研究了一种基于 GSDFT 信号提取的高频信号注入方法,主要完成了以下工作:

① 给出了高频电压激励下的电机数学模型及基于高频信号注入法进行转子位置检测的基本原理。

② 针对外差法转子位置检测存在的问题,研究了详细的基于 GSDFT 算法进行高频感应电流信号提取,进而进行转子位置检测的方法。

③ 介绍了利用电机凸极效应的电机转子初始位置角的辨识方法,并给出了详细的实现过程。

④ 基于 MATLAB 仿真环境对静态、动态以及不同转速、不同负载时的转子位置进行了检测验证,表明了本书研究方案在全速范围内具有良好的动静态检测效果。

第 6 章　系统实验验证

6.1　实验平台结构及对应参数

为验证本研究理论成果的有效性，在如图 6-1 所示的实验平台上进行相应的功能验证实验。实验用电机额定功率为 26.2 kW，驱动变换器为 NPC 型 Z 源三电平变换器，控制单元为 DSP+FPGA；永磁同步电机及 Z 源变换器参数如表 6-1 所示。

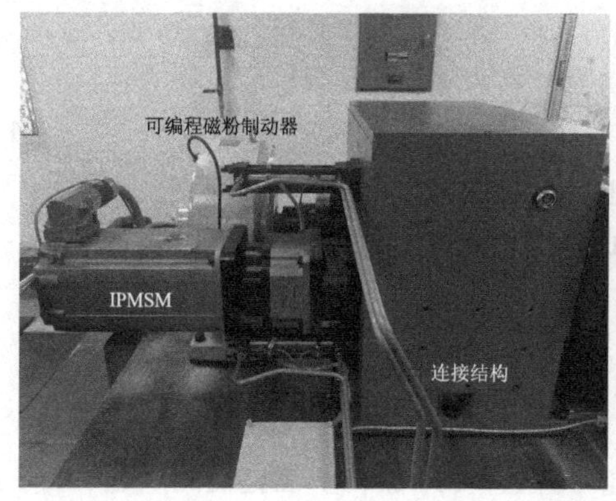

图 6-1　实验平台

表 6-1　永磁同步电机和 Z 源变换器参数

参数	符号	数值	单位
额定功率	P_N	26.2	kW
额定转速	n_N	2000	r/min
额定扭矩	T_{eN}	125	N · m
额定电流	I_N	47.46	A
转动惯量	GD^2	265	kg · cm^2
定子电阻	R_s	0.08	Ω
直轴电感	L_d	0.54	mH

续表

参数	符号	数值	单位
交轴电感	L_q	1.84	mH
反电动势系数	k_e	170	$V/(1000\ r\cdot min^{-1})$
永磁体磁链	ψ_f	0.164	Wb
极对数	p_n	10	—
Z 源网络电感	L_1, L_2	500	μH
Z 源网络电容	C_1, C_2	680	μF

在实验过程中，TI TMS320F28335-DSP 主要用于实现控制策略；Kintex 7-FPGA 主要用于实现采样、PWM 脉冲生成以及保护等功能。系统实验主要分三部分展开：① 电机参数在线辨识结果验证；② NPC 型 Z 源三电平变换器驱动 IPMSM 的整体验证，包括变换器非线性补偿、Z 源变换器调制策略及驱动系统整体实验；③ 适用于 IPMSM 的零速或低速段无位置传感器转子位置辨识结果验证。

6.2　永磁同步电机参数在线辨识实验验证

基于第 2 章的理论推导，编写基于 Adaline 神经网络的电机参数辨识程序。根据采样得到的电压、电流和转速的测量值对电机参数进行计算。为实时显示辨识结果，实验过程中先通过串口以 1 ms 的周期将辨识数据发送到 PC 机上，再对辨识数据进行合成，得到辨识出的电机的 R_s、L_d、L_q、ψ_f 的结果，如图 6-2 所示。

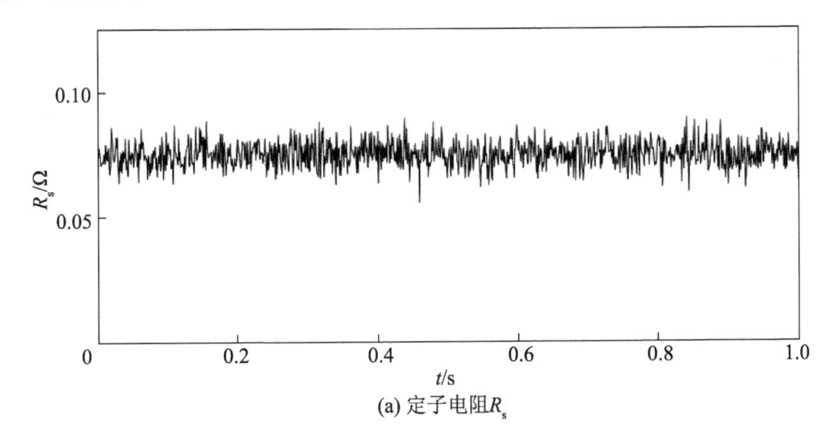

(a) 定子电阻R_s

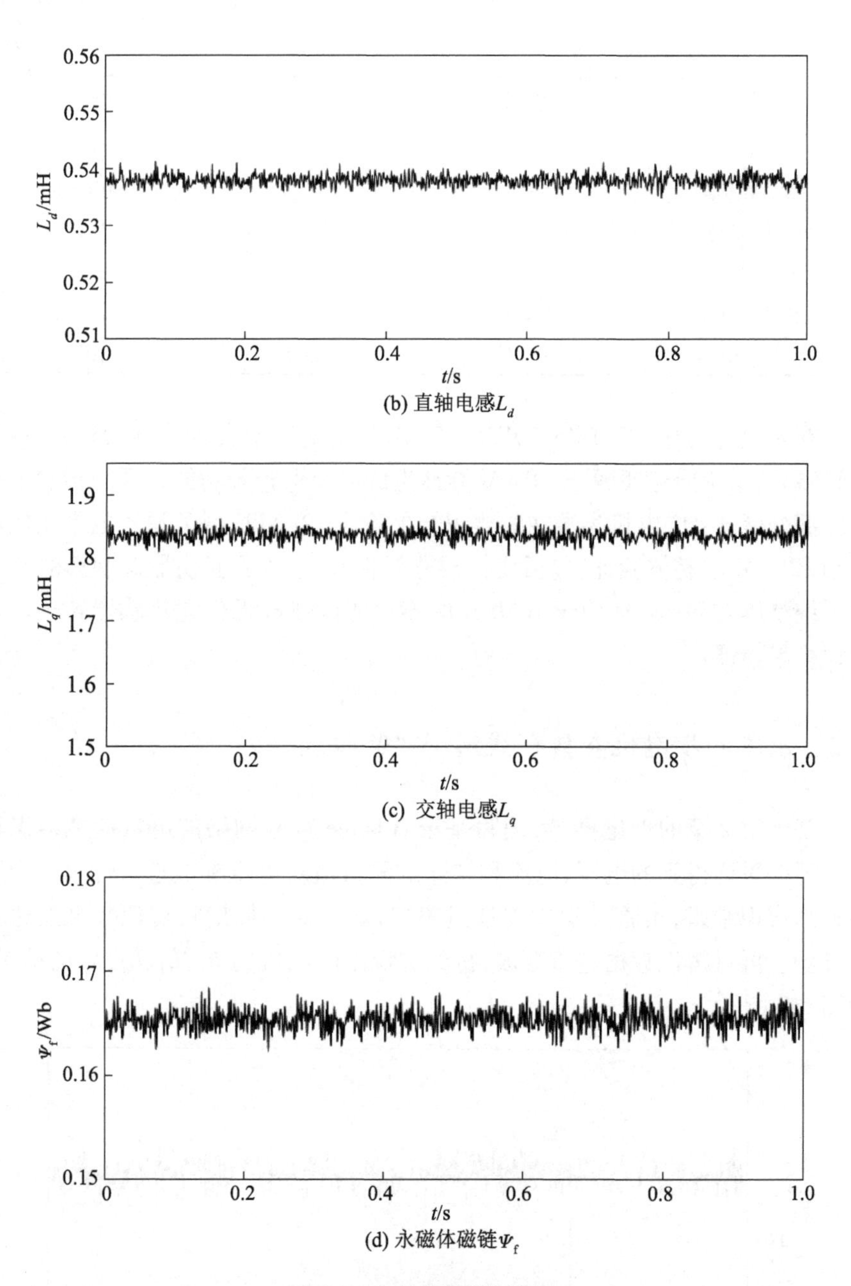

(b) 直轴电感L_d

(c) 交轴电感L_q

(d) 永磁体磁链Ψ_f

图 6-2　电机参数辨识波形

从实验波形可以看出，电机参数辨识结果虽然有些波动，但整体平均值非常接近实际值，误差较小。表 6-2 列出了通过实验计算出来的辨识结果误差，通过数据可知辨识结果误差在 3%内。实验结果说明，对 IPMSM 电机参数进行辨识的策略具有一定的可行性和可靠性。

表 6-2　参数辨识实验结果误差分析

参数	实际值	实验结果	相对误差
定子电阻	0.08 Ω	0.078 Ω	2.50%
直轴电感	0.54 mH	0.538 mH	0.37%
交轴电感	1.84 mH	1.82 mH	1.09%
转子永磁体磁链	0.164 Wb	0.165 Wb	0.61%

为进一步验证该参数辨识方法在动态过程中的辨识结果，在动态调速过程中进行定子电阻辨识，并将结果通过 DAC 模块输出至示波器进行观察分析，如图 6-3 所示。

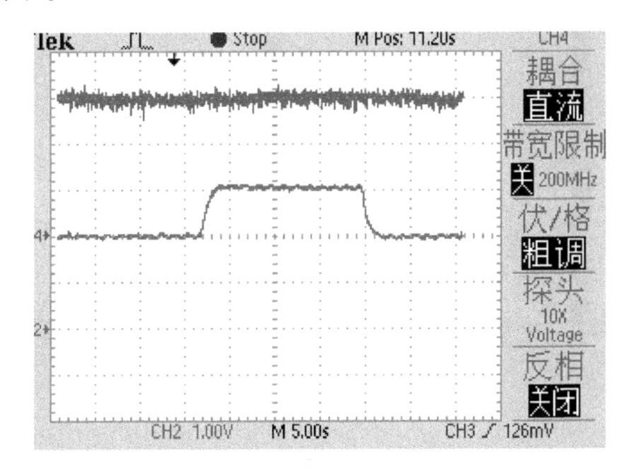

图 6-3　转速对定子电阻辨识结果的影响（CH2 转速/CH4 定子电阻辨识结果）

由图 6-3 可知，在电机动态调速过程中，定子电阻辨识值基本维持不变，说明该辨识方法具有一定的鲁棒性。

6.3　NPC 型 Z 源三电平变换器带 IPMSM 实验验证

6.3.1　基于 GSDFT 算法的特定次谐波提取实验验证

对 GSDFT 算法提取特定次谐波的有效性进行实验验证。假设当 $t=20$ ms 时，在 A 相和 B 相电流中分别注入 5 次和 7 次谐波分量，此时三相电流波形及 A 相电流的 FFT 分析如图 6-4 所示。

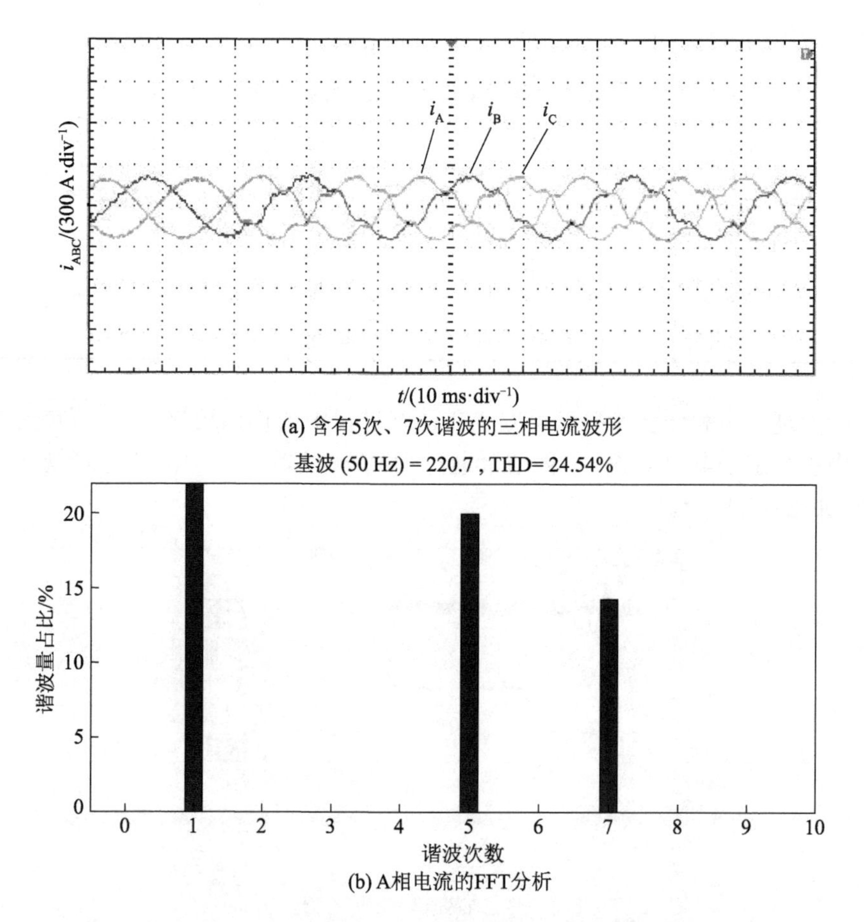

(a) 含有5次、7次谐波的三相电流波形

(b) A相电流的FFT分析

图 6-4　含有 5 次、7 次谐波的三相电流波形及 A 相电流的 FFT 分析

基于 GSDFT 算法提取的 5 次和 7 次谐波如图 6-5 所示，提取出谐波后的三相电流波形及 A 相电流的 FFT 分析如图 6-6 所示。

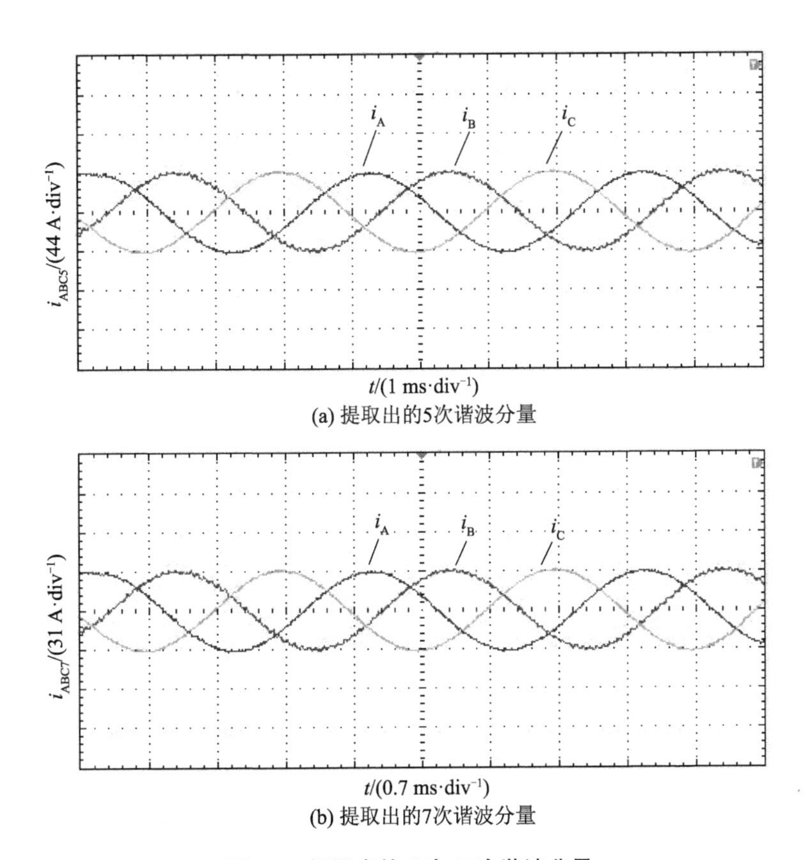

(a) 提取出的5次谐波分量

(b) 提取出的7次谐波分量

图 6-5　提取出的 5 次、7 次谐波分量

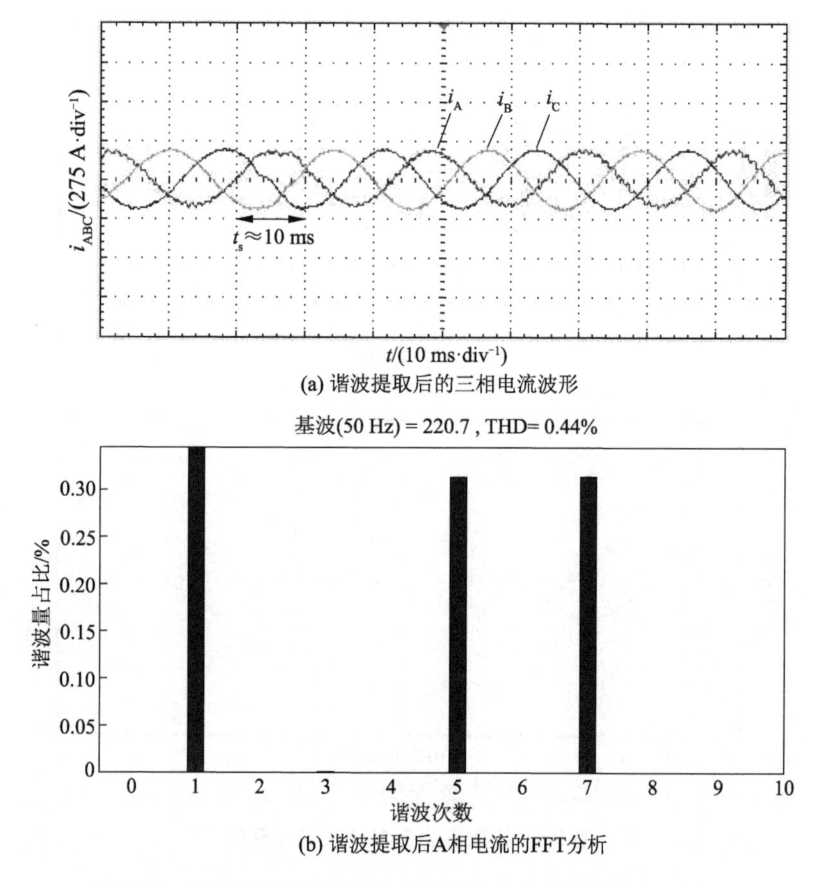

(a) 谐波提取后的三相电流波形

(b) 谐波提取后A相电流的FFT分析

图 6-6 谐波提取后的三相电流波形及 A 相电流的 FFT 分析

由图 6-4 至图 6-6 可知，GSDFT 算法不仅能有效提取三相电流中的谐波分量，而且动态提取性能较好，能在半个输入信号周期内完成谐波信号的提取。

6.3.2 基于 GSDFT 算法的变换器非线性补偿实验验证

考虑到电机低速运行时的变换器非线性对电机转子位置辨识影响更大，本小节分别以 $n=5$ r/min(此时定子基波频率约为 0.833 Hz) 和 $n=10$ r/min (此时定子基波频率约为 1.67 Hz) 为例，进行变换器非线性补偿前后三相定子电流的对比分析。

图 6-7 所示为 $n=5$ r/min 时三相定子电流波形及 A 相电流的 FFT 分析。由图可知，此时三相定子电流存在畸变，A 相电流的总谐波畸变率为 8.06%，其中 5 次、7 次谐波为特征谐波。图 6-8 则为非线性补偿后的三相定子电流波形及 A 相电流的 FFT 分析。由图可知，补偿后的电流畸变得到改善，A 相电

流的总谐波畸变率降为 3.87%。

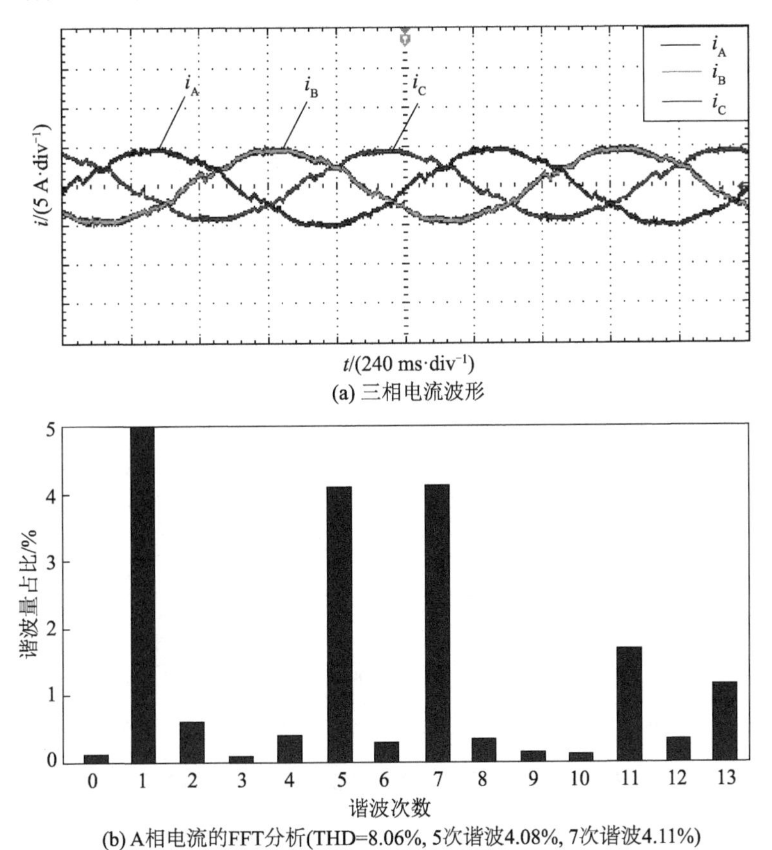

(a) 三相电流波形

(b) A相电流的FFT分析(THD=8.06%, 5次谐波4.08%, 7次谐波4.11%)

图 6-7　变换器非线性补偿前的三相定子电流波形及 A 相电流的 FFT 分析(n=5 r/min)

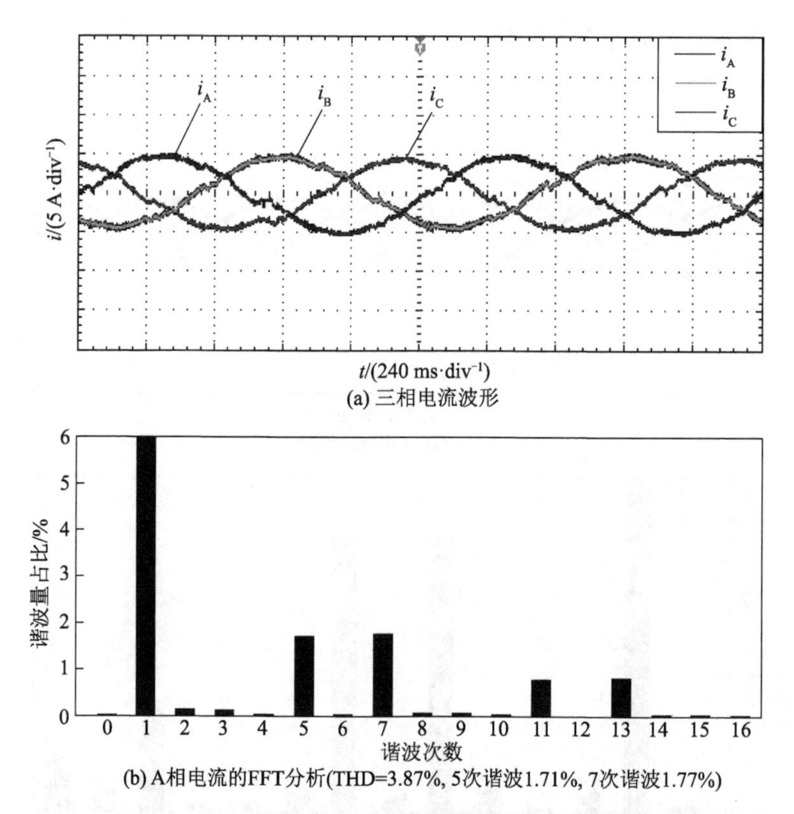

(a) 三相电流波形

(b) A相电流的FFT分析(THD=3.87%, 5次谐波1.71%, 7次谐波1.77%)

图 6-8 变换器非线性补偿后的三相定子电流波形及 A 相电流的 FFT 分析(n=5 r/min)

图 6-9 所示为 n=10 r/min 时三相定子电流波形及 A 相电流的 FFT 分析。由图可知,此时三相定子电流存在畸变,A 相电流的总谐波畸变率为 7.03%,其中 5 次、7 次谐波为特征谐波。图 6-10 则为非线性补偿后的三相定子电流波形及 A 相电流的 FFT 分析。由图可知,补偿后的电流畸变得到改善,A 相电流的总谐波畸变率降为 3.26%。

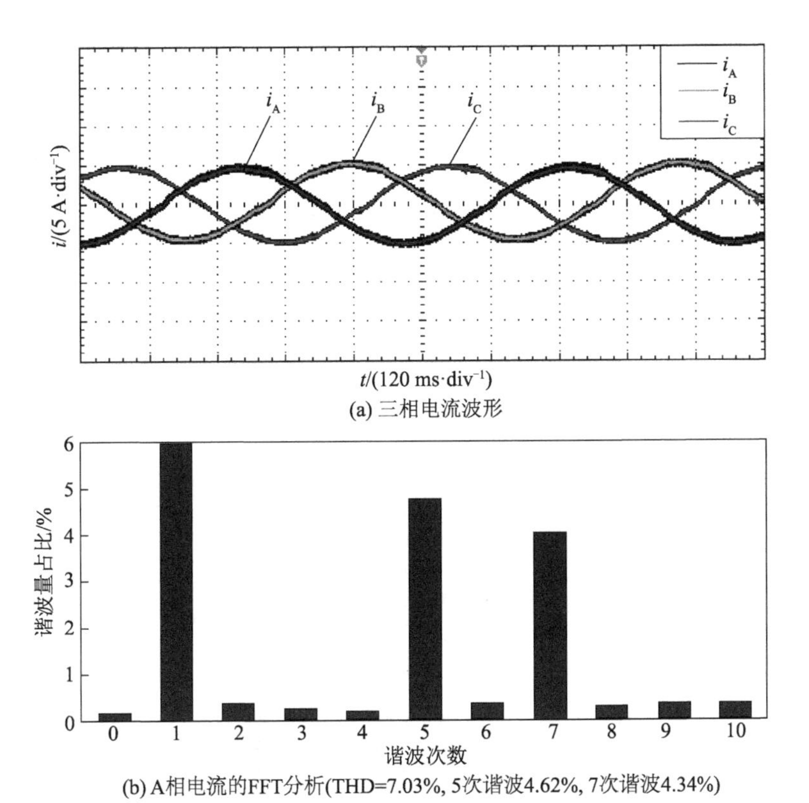

(a) 三相电流波形

(b) A相电流的FFT分析(THD=7.03%, 5次谐波4.62%, 7次谐波4.34%)

图 6-9　变换器非线性补偿前的三相定子电流波形及 A 相电流的 FFT 分析(n=10 r/min)

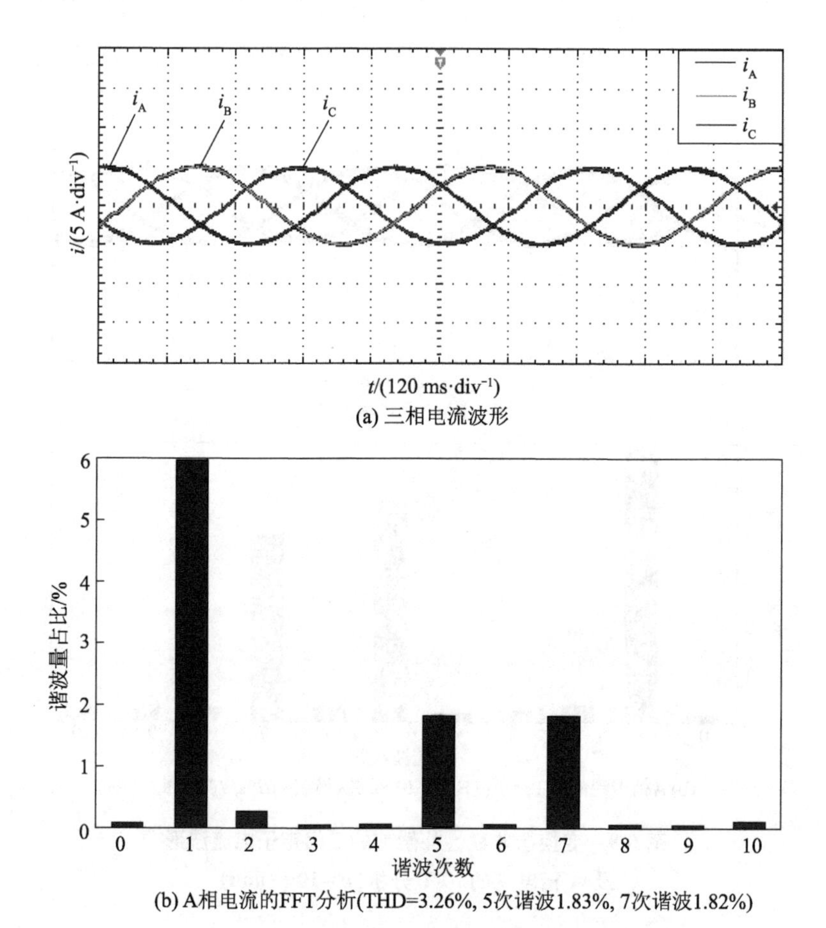

(a) 三相电流波形

(b) A相电流的FFT分析(THD=3.26%, 5次谐波1.83%, 7次谐波1.82%)

图 6-10　变换器非线性补偿后的三相定子电流波形及 A 相电流的 FFT 分析(n=10 r/min)

考虑到定子电流中的谐波分量会引起转矩波形,故从转矩波动角度进一步验证非线性补偿方案的有效性。图 6-11 为补偿前后输出的电磁转矩波形(采用转矩传感器测量得到),电机空载启动后再加载运行至稳定。

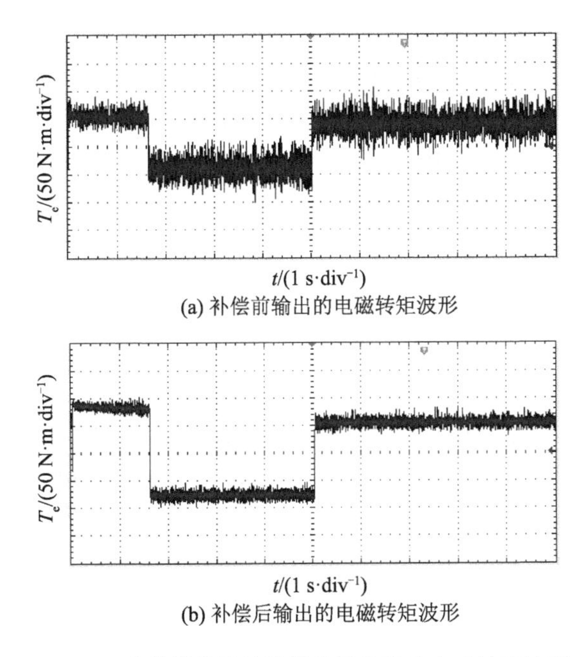

(a) 补偿前输出的电磁转矩波形

(b) 补偿后输出的电磁转矩波形

图 6-11　变换器非线性补偿前后输出的电磁转矩波形

为对变换器非线性补偿前后的转矩波动进行定量分析，定义转矩波动为

$$\Delta T_{\mathrm{e}}=\sqrt{\frac{1}{N}\sum_{n=1}^{N}\left[T_{\mathrm{e}}(n)-T_{\mathrm{e\_ave}}\right]} \tag{6-1}$$

式中：N 为转矩采样计算电点数；$T_{\mathrm{e}}(n)$ 为第 n 次采样得到的瞬时输出电磁转矩；$T_{\mathrm{e\_ave}}$ 为计算得到的平均输出电磁转矩。

分别选取图 6-11 a 和图 6-11 b 中波形稳定后的 100 个采样点作为分析范围，得到的电磁转矩波动值如表 6-3 所示。

表 6-3　转矩波动的定量分析

	ΔT_{e}(空载)	ΔT_{e}(带载)
补偿前	7.65 N · m	7.34 N · m
补偿后	1.90 N · m	1.32 N · m

由图 6-11 及表 6-3 可知，变换器非线性补偿方法能有效降低定子电流中的谐波分量，从而降低电机输出的电磁转矩波动，提升电机控制性能。

6.3.3　NPC 型 Z 源三电平变换器调制策略的实验验证

为验证 NPC 型 Z 源三电平变换器调制策略的有效性，本小节对基于线电压坐标系的 SVPWM 调制和简化 MPC 调制两种策略进行了仿真对比验证。

首先，验证 Z 源变换器的升压作用。与仿真类似，当直通占空比 D 从 0 变化至 0.3 时，意味着 Z 源网络的输出电压 $U_i = 2.5U_{DC}$，即此时的 Z 源网络输出电压从之前的 100 V 上升至 250 V，变换器输出线电压峰值随 U_i 的增大而同步增大，实现了升压作用。此时采用基于线电压坐标系的 SVPWM 调制及简化 MPC 调制输出的相线电压波形分别如图 6-12 及图 6-13 所示。

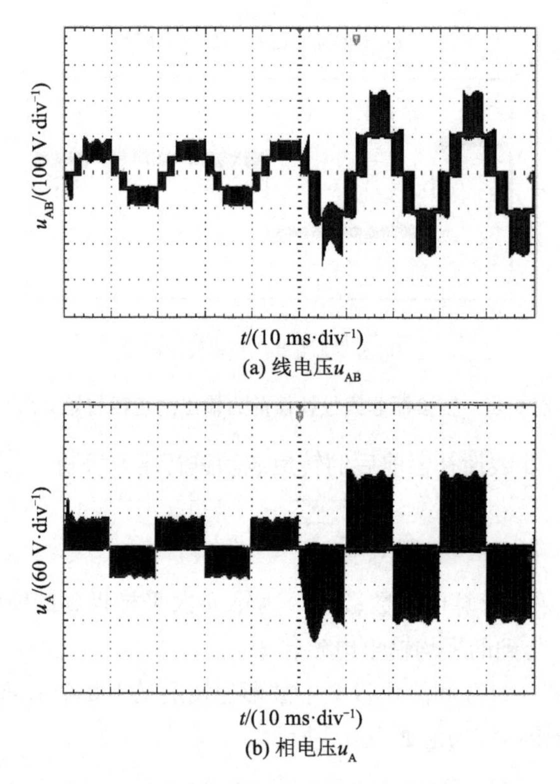

(a) 线电压u_{AB}

(b) 相电压u_A

图 6-12　基于线电压坐标系的 SVPWM 调制输出的相线电压波形

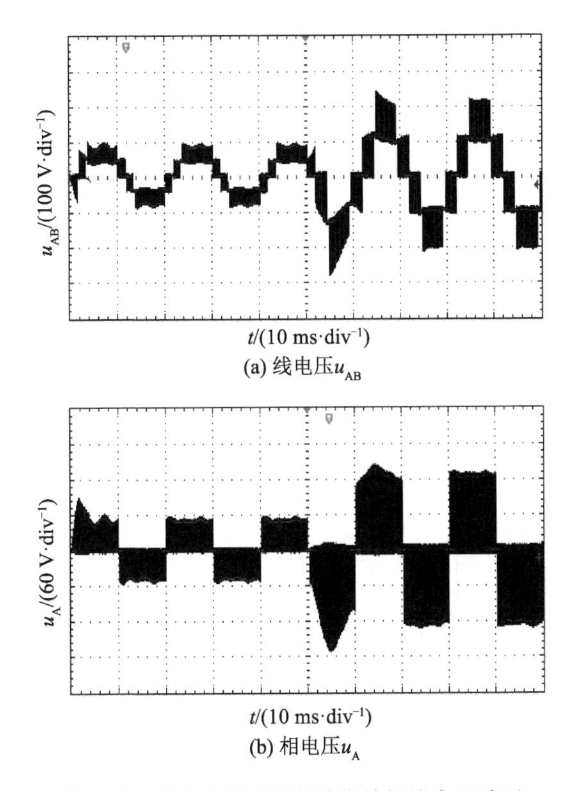

(a) 线电压u_{AB}

(b) 相电压u_A

图 6-13　简化 MPC 调制输出的相线电压波形

两种调制方式下变换器输出的 A 相电流波形及其对应的 THD 分析分别如图 6-14 及图 6-15 所示。

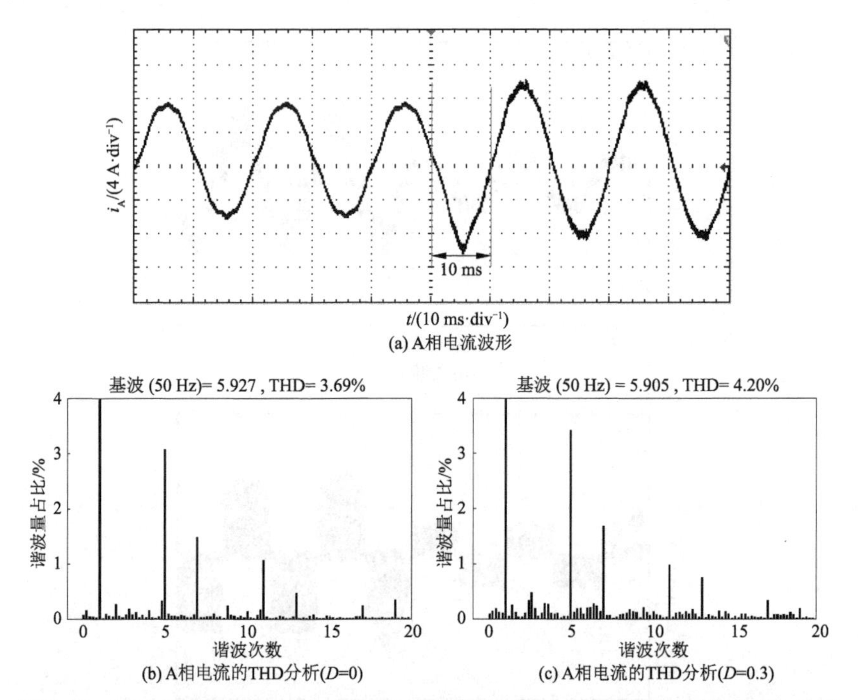

(a) A相电流波形

(b) A相电流的THD分析(D=0)

(c) A相电流的THD分析(D=0.3)

图 6-14　基于线电压坐标系的 SVPWM 调制输出的 A 相电流波形及其 THD 分析

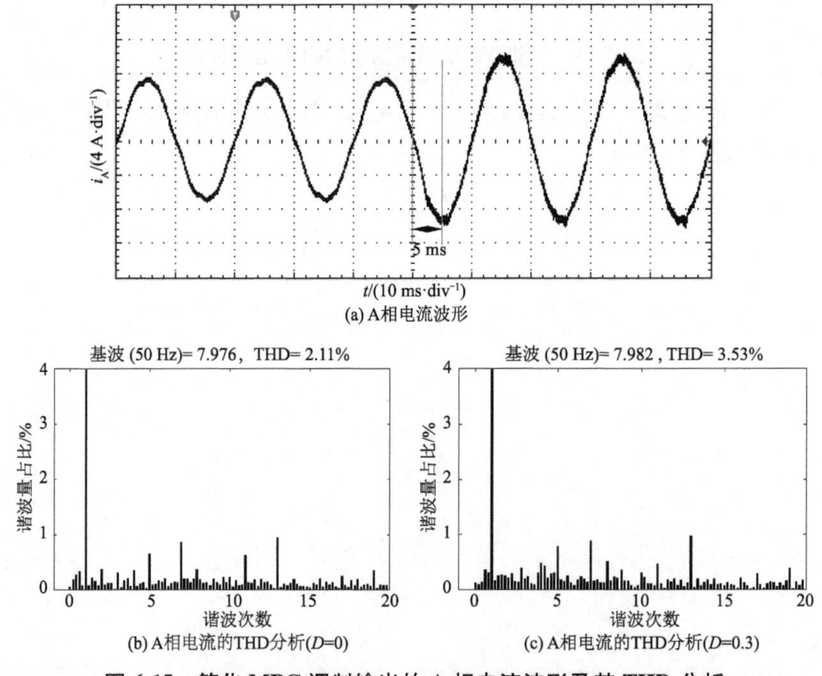

(a) A相电流波形

(b) A相电流的THD分析(D=0)

(c) A相电流的THD分析(D=0.3)

图 6-15　简化 MPC 调制输出的 A 相电流波形及其 THD 分析

由上述波形对比可知,两种调制方式均能满足 NPC 型 Z 源三电平变换器的工作要求。具体来说,当直通占空比 $D=0$ 时,采用基于线电压坐标系的 SVPWM 调制输出的 A 相电流的总谐波畸变率为 3.69%,采用简化 MPC 调制输出的 A 相电流的总谐波畸变率为 2.11%;当直通占空比 $D=0.3$ 时,对应的数据分别为 4.20%和 3.53%。从动态响应性能来说,采用简化 MPC 调制的响应速度明显快于基于线电压坐标系的 SVPWM 调制。

为进一步对比两种算法的执行效率,采取多次执行取平均的方式,得到了基于线电压坐标系的 SVPWM、传统 MPC 以及简化 MPC 的平均执行时间,如表 6-4 所示。

表 6-4　执行时间对比

直通占空比	平均执行时间/μs		
	基于线电压坐标系的 SVPWM	传统 MPC	简化 MPC
$D=0$	18.13	16.31	13.37
$D=0.3$	19.91	17.14	14.18

由表 6-4 可知,无论是传统 MPC 策略还是简化 MPC 策略,执行时间都少于基于线电压坐标系的 SVPWM 策略。当直通占空比 $D=0$ 时,传统 MPC 策略相较于 SVPWM 策略提升了 10.04%的执行效率,简化 MPC 策略相较于 SVPWM 策略提升了 26.25%的执行效率;当直通占空比 $D=0.3$ 时,对应的执行效率提升数据分别是 13.91%及 28.78%。同时,相较于传统 MPC 策略来说,由于滚动寻优环节的简化,简化 MPC 策略分别能提升 18.03%($D=0$)及 17.27%($D=0.3$)的执行效率。

对于简化 MPC 算法来说,在直通占空比发生变化时,对应的 Z 源网络电容两端电压变化及 Z 源网络输出电压 U_i 的变化波形分别如图 6-16 及图 6-17 所示。

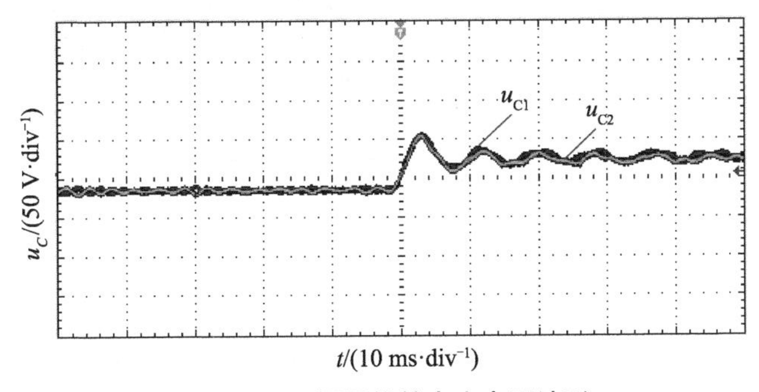

图 6-16　Z 源网络的电容电压波形

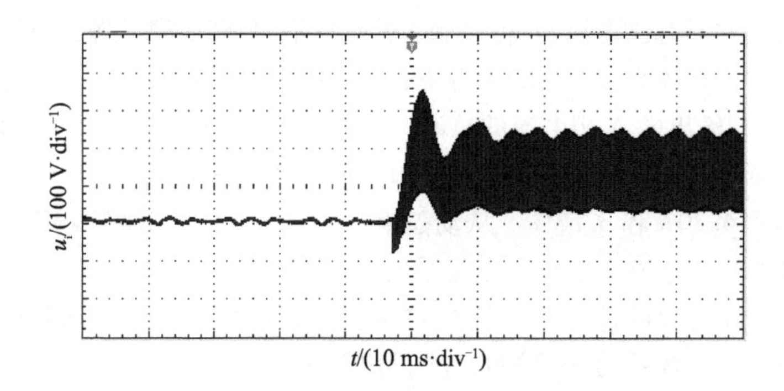

图 6-17　Z 源网络的输出电压波形

其次，验证简化 MPC 算法的动态响应及跟踪性能。当输入电压 U_{DC1} 和 U_{DC2} 从 50 V 突变至 100 V 时，采用简化模型预测控制时的相线电压动态波形如图 6-18 所示。

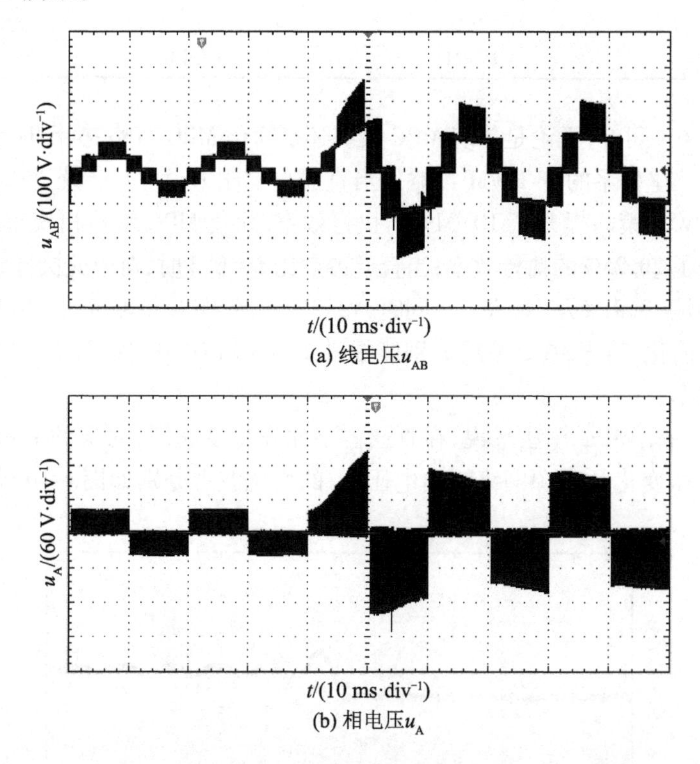

(a) 线电压 u_{AB}

(b) 相电压 u_A

图 6-18　采用简化模型预测控制时输出的相线电压波形

最后，验证简化 MPC 算法的中点电位平衡控制效果。图 6-19 a 和图 6-19 b 所示分别为稳态及负载动态调节过程中的中点电位偏差波形，与理论基本一

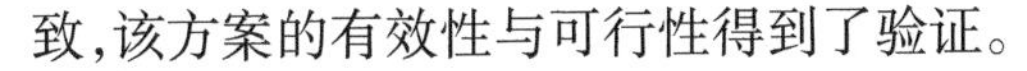

致,该方案的有效性与可行性得到了验证。

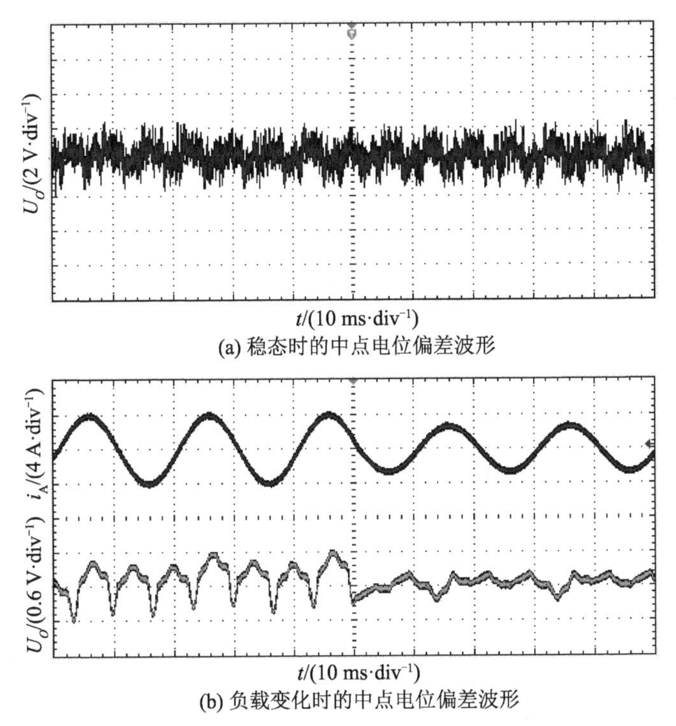

(a) 稳态时的中点电位偏差波形

(b) 负载变化时的中点电位偏差波形

图 6-19　稳态及负载动态调节过程中的中点电位偏差波形

6.3.4　Z 源三电平变换器驱动 IPMSM 的实验验证

为进一步验证 Z 源变换器驱动永磁同步电机的控制效果,基于图 6-1 所示的 NPC 型 Z 源三电平变换器带 IPMSM 平台进行了完整的电机启动、加减载以及直流侧电压动态调整等实验。

首先,试验电机的空载启动、制动性能。电机空载启动正转到额定转速 2000 r/min,接着反转至额定转速 2000 r/min,再反转减速至 0 r/min,此过程对应的电机转速(CH1)、直流侧输入电压(CH2)、输出电磁转矩(CH3)以及永磁体磁链(CH4)如图 6-20 所示。

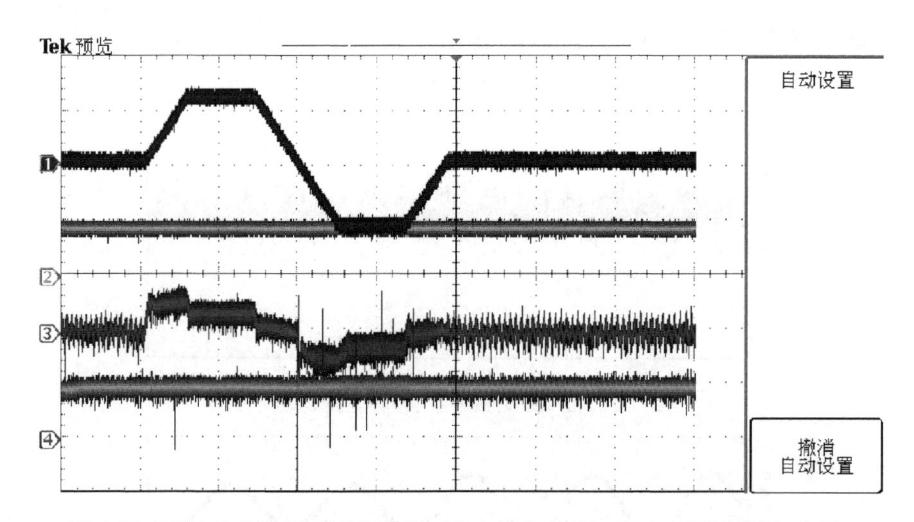

图 6-20　电机空载启动及制动波形（CH1：电机转速；CH2：直流侧输入电压；CH3：输出电磁转矩；CH4：永磁体磁链）

其次，进行电机加减载测试。当电机空载启动稳定至 1500 r/min 后，连续加载后减载，此过程对应的转速及转矩波形如图 6-21 所示，动态加载过程中的 A 相电流波形如图 6-22 a 所示，稳态时的 A 相电流及直流侧电压波形如图 6-22 b 所示。

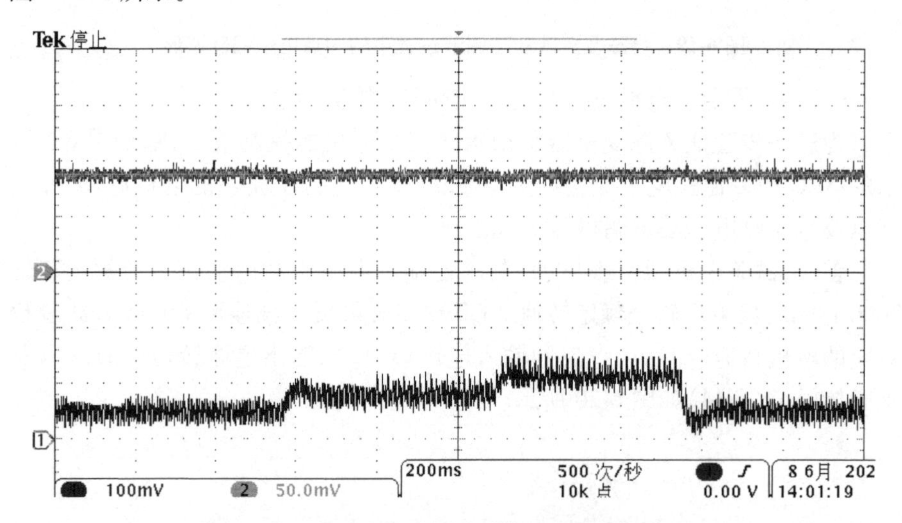

图 6-21　动态加减载过程中的转速与输出转矩波形
（CH1：输出电磁转矩；CH2：电机转速）

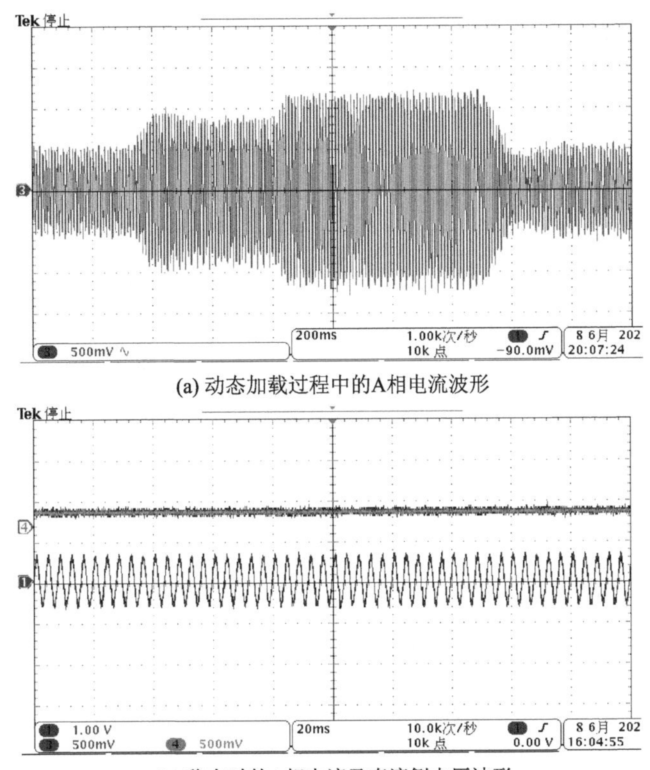

(a) 动态加载过程中的A相电流波形

(b) 稳态时的A相电流及直流侧电压波形

图 6-22　定子 A 相电流的动静态波形

当直通占空比发生变化时,对应的 Z 源网络输出电压 U_{i} 及定子电流波形则如图 6-23 所示,两个分图分别对应占空比增加和减小两种情况。

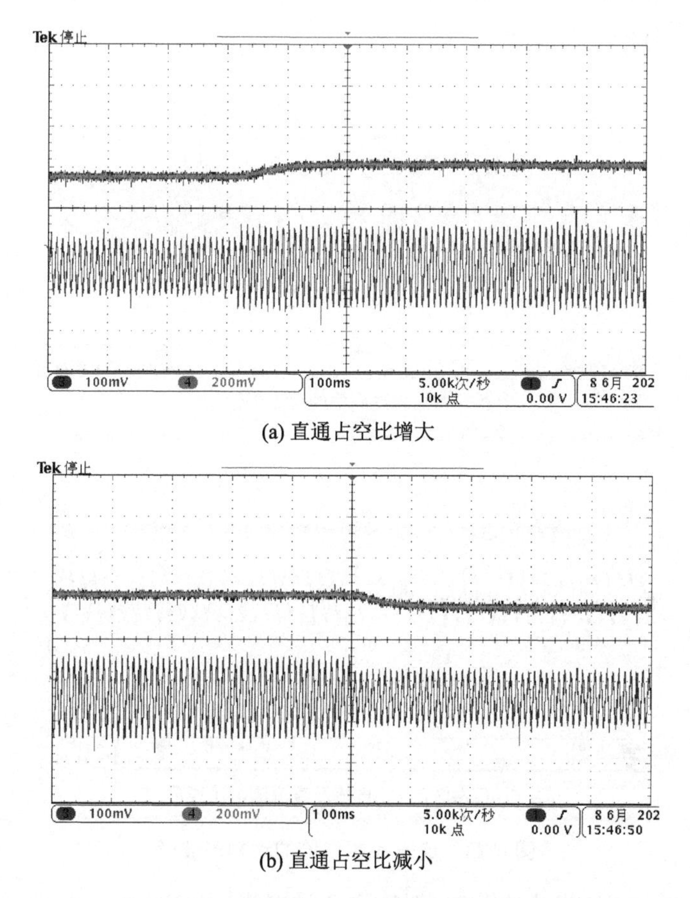

(a) 直通占空比增大

(b) 直通占空比减小

图 6-23　直通占空比变化时的 Z 源网络输出电压及定子电流波形

6.4　无位置传感器转子位置辨识的实验验证

在 IPMSM 的实验平台上，对基于高频信号注入和 GSDFT 算法转子位置信息辨识的方法进行实验验证。

6.4.1　低速时转子位置信息辨识实验验证

首先，基于 GSDFT 算法进行高频感应电流信号解调的实验验证。在定子侧注入频率为 1250 Hz、幅值为 10 V 的高频电压信号，此时电机定子电流如图 6-24 a 所示，明显含有高频分量，将定子电流进行滤波后，可得到如图 6-24 b 所示的高频感应电流信号。

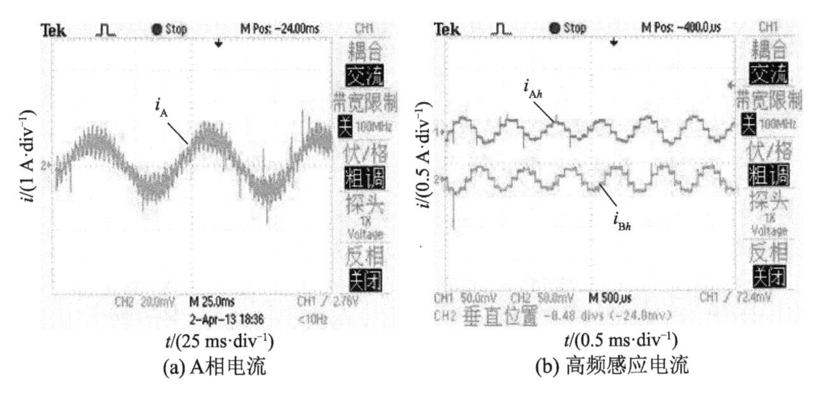

(a) A相电流　　(b) 高频感应电流

图 6-24　高频信号注入下的定子电流波形

其次,采用 GSDFT 算法对高频感应电流进行解调处理,图 6-25 a 和图 6-25 c 分别为高频感应电流的 d 轴和 q 轴分量及其对应的基于 GSDFT 提取出的信号幅值平方值,图 6-25 b 和图 6-25 d 则分别为图 6-25 a 和图 6-25 c 的放大图。

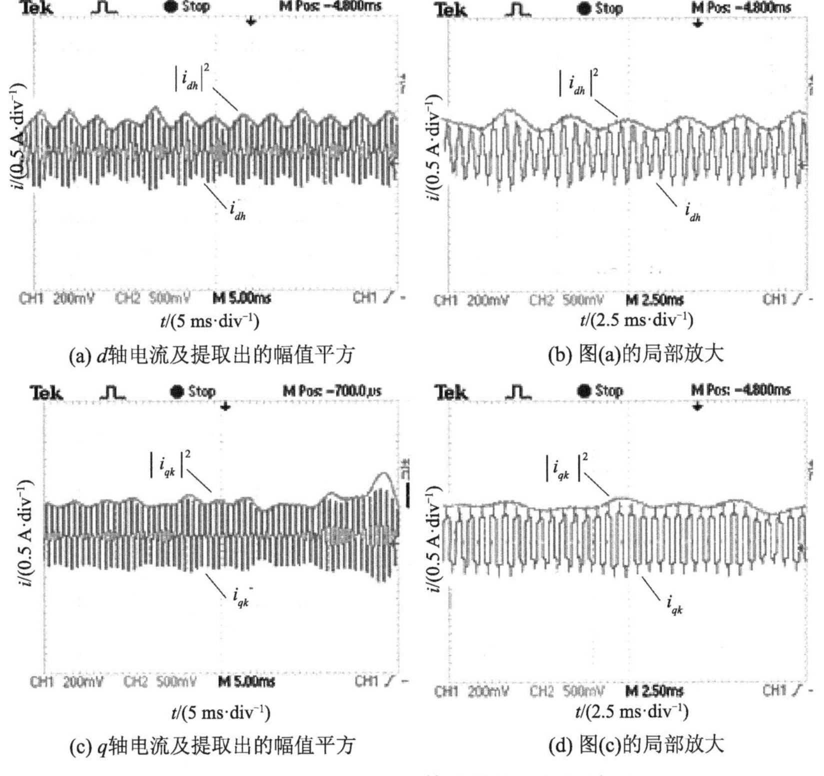

(a) d轴电流及提取出的幅值平方　　(b) 图(a)的局部放大

(c) q轴电流及提取出的幅值平方　　(d) 图(c)的局部放大

图 6-25　基于 GSDFT 算法的信号解调波形

最后,进行低速情况下的电机转子位置信息辨识。IPMSM 带载启动至

10 r/min；在 $t=0.2$ s 时，转速从 10 r/min 突变至 50 r/min，采用传统滑模观测器方法和本书所研究的辨识方法的转子辨识对比效果分别如图 6-26 和图 6-27 所示。

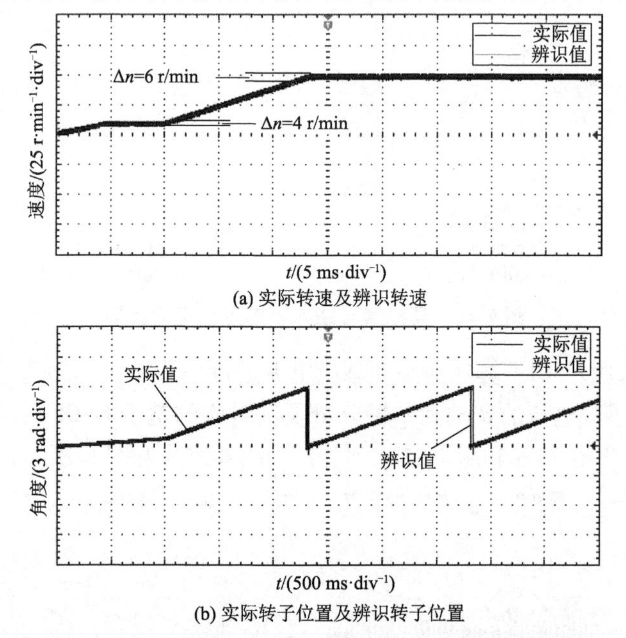

图 6-26　基于传统滑模观测器方法的转速及转子位置信息辨识(10~50 r/min)

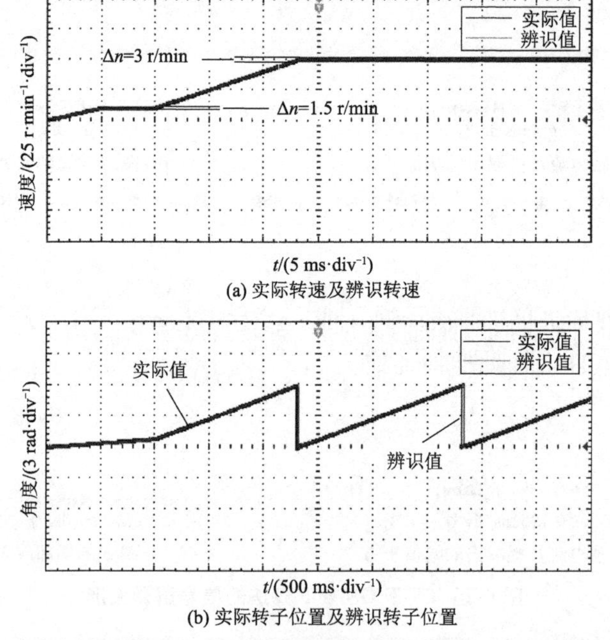

图 6-27　基于本书研究方法的转速及转子位置信息辨识(10~50 r/min)

对比图 6-26 和图 6-27 可知，传统滑模观测器方法的观测误差分别为 ±6 r/min 和±4 r/min(分别对应转速 50 r/min 和 10 r/min)，误差率分别约为 12%和 40%。本书研究方法的观测误差分别为±3 r/min 和±1.5 r/min(分别对应转速 50 r/min 和 10 r/min)，误差率分别约降低到 6%和 15%，验证了该辨识方法在低速时的有效性。

为进一步验证该辨识方法在动态加减载过程中的辨识效果，当电机运行在 10 r/min 时，负载从零突增至额定负载，此时基于传统滑模观测器方法和本书所研究方法的对比效果分别如图 6-28 和图 6-29 所示。

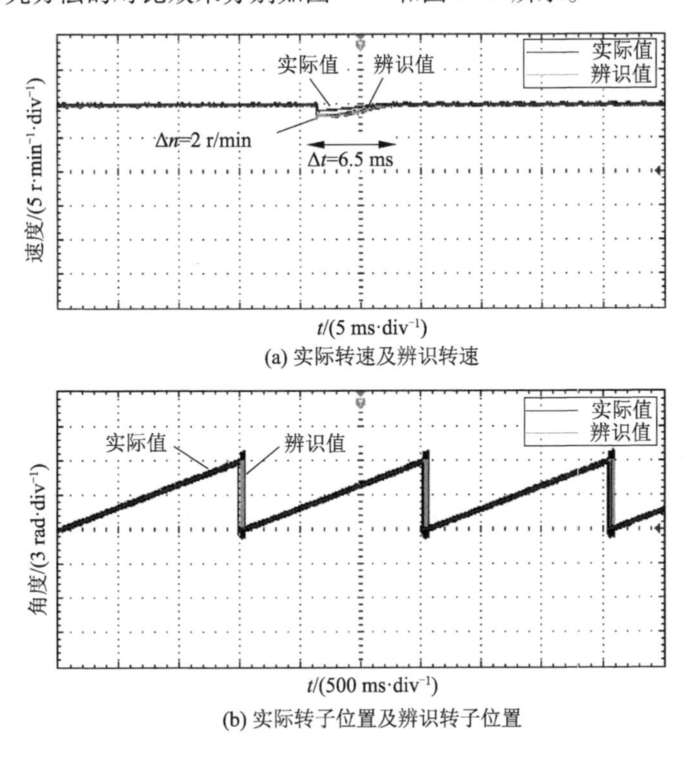

(a) 实际转速及辨识转速

(b) 实际转子位置及辨识转子位置

图 6-28　基于传统滑模观测器方法的动态转速及转子位置信息辨识(10 r/min)

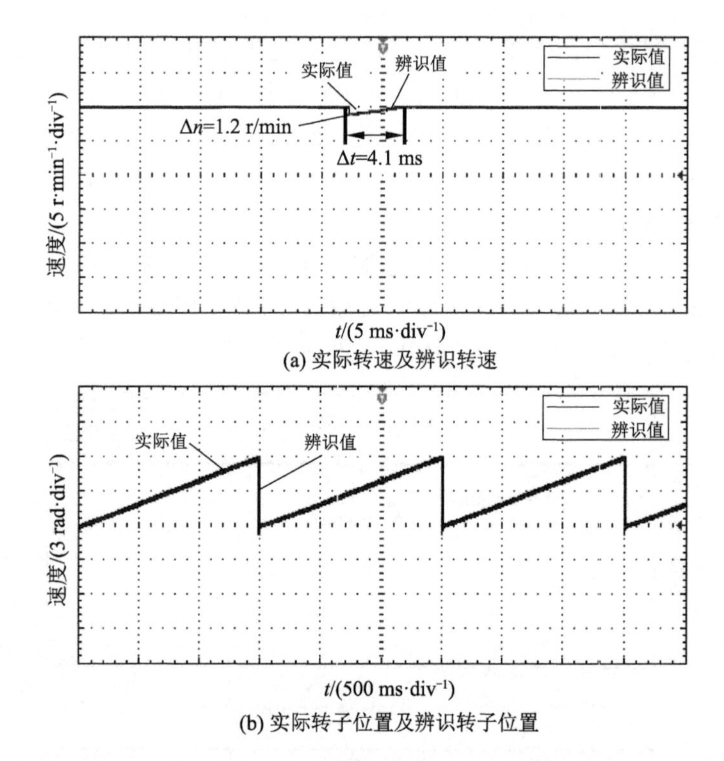

(a) 实际转速及辨识转速

(b) 实际转子位置及辨识转子位置

图 6-29　基于本书研究方法的动态转速及转子位置信息辨识(10 r/min)

对比图 6-28 和图 6-29 可知,当负载突变时,传统滑模观测器方法的动态响应时间约为 6.5 ms,而本书研究方法的动态响应时间约为 4.1 ms;重新进入稳定状态后,两者都基本能维持转速不变。

6.4.2　转子初始位置角检测实验

为便于效果分析,分别取 0°, 45°, 90°, 135°, 180°作为测试位置,感应出来的定子电流轨迹如图 6-30 所示。

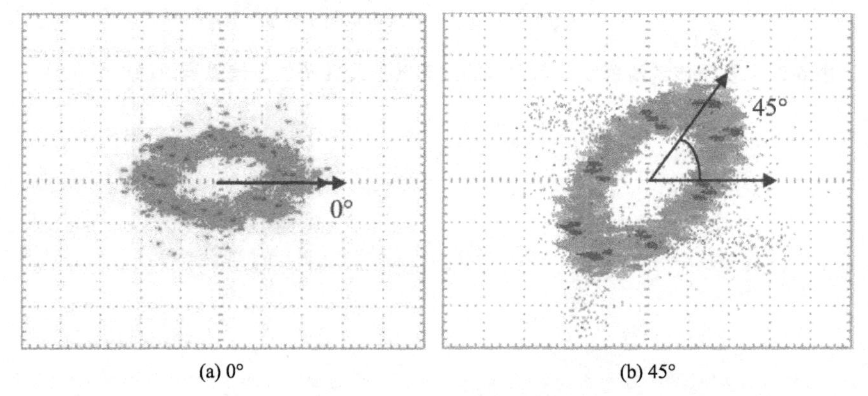

(a) 0°　　(b) 45°

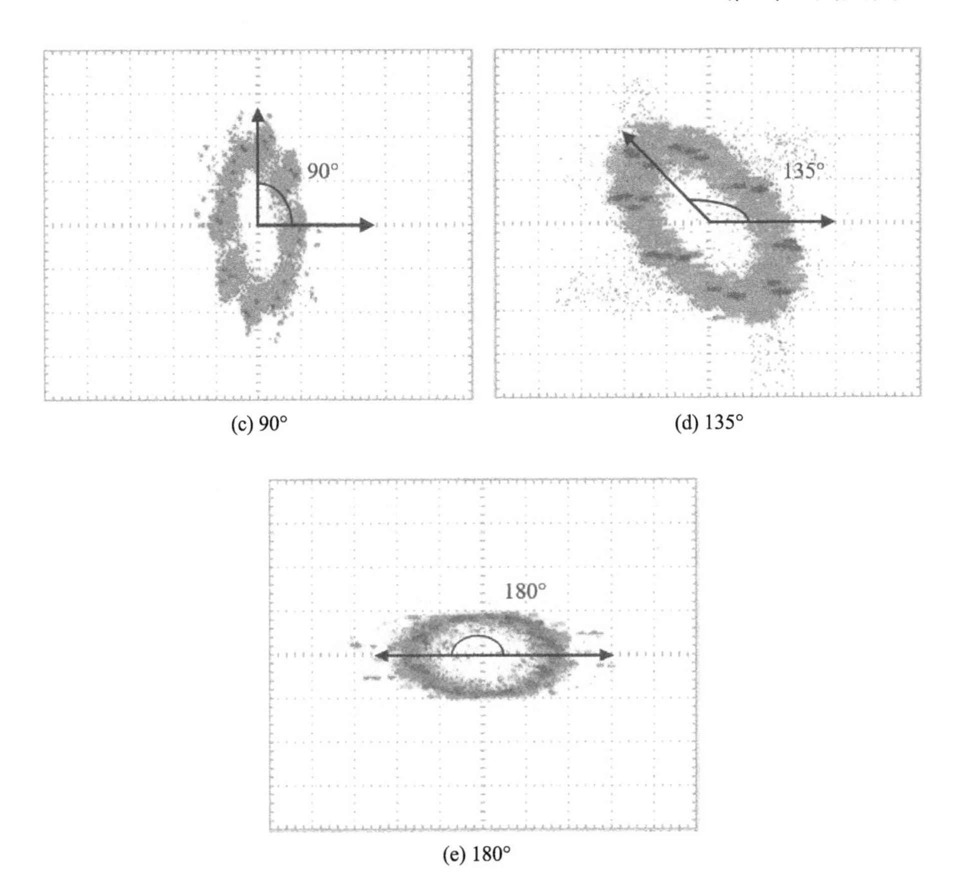

(c) 90°

(d) 135°

(e) 180°

图 6-30　不同转子位置初始位置角下的高频电流矢量图

在实验平台上对转子初始位置角检测原理进行验证，转子位置角实际值事先通过编码器测量得到并在坐标轴上标记好，将实际值作为横坐标，检测值和检测误差作为纵坐标，得到的拟合曲线如图 6-31 所示。从图中可知，检测误差基本能控制在 6°内，能够满足矢量控制的精度要求。

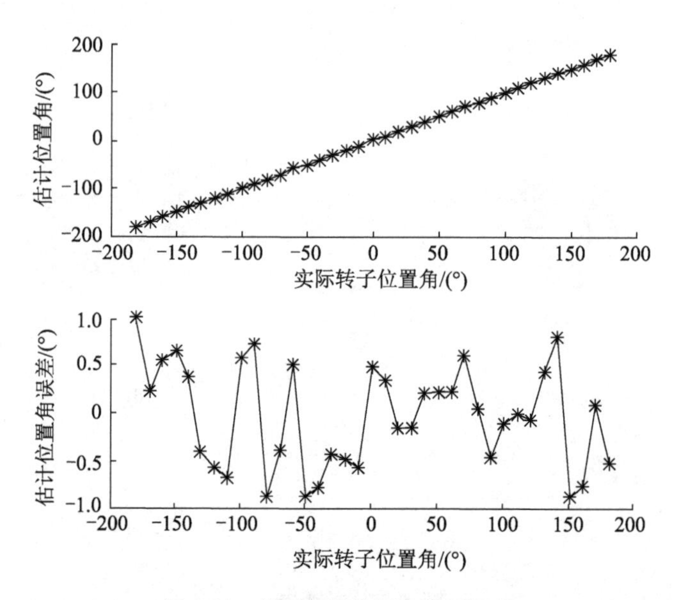

图 6-31　转子初始位置角检测误差

6.5　本章小结

本章对前文所研究内容进行了系统化实验验证，包括电机参数辨识、变换器调制算法、变换器非线性补偿、电机驱动系统的整体运行以及低速时的转子位置信息辨识，一方面验证了本书研究方案的有效性，另一方面也可为上述技术的实用化提供实验基础。

第 7 章　结论和展望

7.1　结论

本书以 NPC 型 Z 源三电平变换器驱动内埋式永磁同步电机为研究对象，研究了驱动系统整体的控制方法，包括电机参数辨识、变换器调制策略和非线性补偿、电机整体控制策略以及低速时的无位置传感器转子位置检测等内容，取得了以下研究成果。

① 针对电机参数易受温升、振动、磁饱和等环境影响，导致电机参数发生变化从而影响电机的控制性能的问题，进行了如下研究：

a. 推导了电机在不同坐标系下的数学模型，研究了基于 Adaline 神经网络的参数在线辨识方法。

b. 针对参数辨识中的方程欠秩问题，研究了一种在短时间内注入电流信号以扩展待求解方程维度的方法。

c. 实现了电机定子电阻 R_s、交轴电感 L_q、直轴电感 L_d、转子永磁体磁链 ψ_f 这四项参数的在线辨识。

d. 结合电机的最大转矩电流比控制方法，通过仿真及实验验证了该参数辨识方法的有效性，同时为其工程应用提供了理论基础。

② 为拓宽传统电压源型三电平变换器的输出电压范围，避免同一桥臂上、下直通而设置死区所带来的波形质量下降问题，以 NPC 型 Z 源三电平变换器为驱动装置，进行了如下研究：

a. 基于 NPC 型 Z 源三电平变换器的拓扑结构，分析其工作原理，建立其数学模型，得到了 Z 源网络输出电压值与直通占空比之间的关系。

b. 为简化算法，研究了基于线电压坐标系的 SVPWM 调制的基本原理，并提出了一种不会额外产生开关损耗的直通状态插入方法。

c. 将 MPC 引入 NPC 型 Z 源三电平变换器的调制中，针对传统模型预测电流寻优方式计算复杂的问题，研究了一种基于电压优化寻优的简化方法；

同时将该简化 MPC 方法与传统 SVPWM 策略相结合,实现了输出谐波频率固定,以利于滤波处理。

③ 针对变换器非线性因素造成的电机定子电流谐波干扰问题,在深入分析驱动变换器非线性特征的基础上,开展了以下非线性补偿研究:

a. 建立了电机的谐波数学模型,为便于谐波补偿,通过推导谐波旋转坐标系与基波旋转坐标系的关系,将上述谐波数学模型转换至谐波旋转坐标系下。

b. 针对传统滑动离散傅里叶变换提取谐波信号存在的问题,在解析算法本质的基础上,提出了一种通过缩减对消零点来加快谐波信号提取的广义滑动离散傅里叶算法。

c. 基于所提取出的电流谐波分量,通过谐波电压补偿量计算和注入的方式实现了变换器非线性补偿。

d. 将所研究的 NPC 型 Z 源三电平变换器与 IPMSM 相结合,进行了完整的驱动系统启动、制动,动态加减载,以及直通占空比动态调整下的实验验证。

④ 研究适用于零速或低速段的电机无位置传感器转子位置检测技术对于电机驱动控制来说有着重要的理论研究意义和实际应用价值。本书在结合所研究电机凸极效应特征的基础上,以传统高频信号注入法为基础,研究了基于广义滑动离散傅里叶变换的高频感应电流信号解调手段,实现了零速或低速段的转子位置有效检测。同时,延展感应信号提取作用,通过辨别高频感应电流幅值变化实现了转子初始位置角辨识。具体研究内容如下:

a. 研究了高频电压信号激励下的电机数学模型,推导了高频信号注入法提取转子位置信息的本质原理,为无位置传感器转子位置检测提供了理论基础。

b. 研究了基于广义滑动离散傅里叶变换的高频感应电流信号的解调方法,实现了转子位置信息的快速、有效检测。

c. 利用高频感应信号的解调结果,通过辨别感应电流幅值变化实现了转子初始位置角的有效辨识。

d. 基于实验平台,验证了无位置传感器转子位置检测方法在低速段的有效性与可行性。

7.2 展望

虽然本书针对 NPC 型 Z 源三电平变换器驱动 IPMSM 的控制研究取得了

一定成果，但仍属于理论及功能实验阶段，距离实际应用仍有大量工作需要开展。需继续深入研究的内容如下：

① 本书所研究的 NPC 型 Z 源三电平变换器是最传统的单 Z 源变换器，同时为便于分析还假设了 Z 源网络中的两个电感、两个电容值都相等，但在实际应用中，最传统的 Z 源网络存在轻载运行时的电感电流断续、电容电压应力高以及无法实现能量双向流动等问题，Z 源变换器驱动电机系统要真正实现工业化应用还需要开展大量研究工作。

② 本书在进行变换器非线性补偿时，只考虑 5 次、7 次特征次谐波分量；但在实际系统中，导致变换器非线性的因素多种多样，呈现的非线性特征也是多样化的，如何能真正地实现非线性补偿是本书后续拟研究的内容。

③ 本书研究的无位置传感器转子位置检测只以工作在零速或低速工况下的电机为研究对象，事实上，电机的无位置控制需要在全速范围内实现快速、有效的转子位置检测；但不同的检测方法往往适用于不同的转速段，如何实现全速范围内不同方法的平稳过渡也是本书后续拟研究的内容。

④ 本书只是初步实现了零速或低速工况下的无位置传感器转子位置辨识，还尚未进行完整的闭环实现。

参考文献

[1] 国务院. 中国制造 2025[EB/OL].(2015-05-19)[2023-03-20]. http://www.gov.cn/zhengce/content/2015-05/19/content_9784.htm.

[2] 刘佳敏, 葛召炎, 吴轩,等. 基于占空比调制的永磁同步电机预测电流控制[J]. 中国电机工程学报, 2020, 40(10): 3319-3328.

[3] 吴婷, 王辉, 罗德荣,等. 一种新型内置式永磁同步电机初始位置检测方法[J]. 电工技术学报, 2018, 33(15): 3578-3585.

[4] 马小亮. 高性能变频调速及其典型控制系统[M]. 北京: 机械工业出版社, 2010.

[5] KIM S K, AHN C K. Offset-free proportional-type self-tuning speed controler for permanent magnet synchronous motors [J]. IEEE Transactions on Industrial Electronics, 2019, 66(9):7168-7176.

[6] 陈杰, 章新颖, 闫震宇,等. 基于虚拟阻抗的逆变器死区补偿及谐波电流抑制分析[J]. 电工技术学报, 2021, 36(8): 1671-1680.

[7] 肖宏伟, 何英杰, 刘进军,等. 基于窄脉冲消除的三电平逆变器矢量不对称死区补偿调制策略研究[J]. 中国电机工程学报, 2021, 41(4): 1386-1397,1545.

[8] CHEN Z, CHEN Y F, ZHANG B. An equivalent voltages source placement rule for impedance source network and performance assessment [J]. IEEE Transactions on Industrial Electronics, 2018, 65(10): 8382-8392.

[9] NGUYEN M K, DUONG T D, LIM Y C, et al. Switched capacitor quasi-switched boost inverters [J]. IEEE Transactions on Industrial Electronics, 2018, 65(6): 5105-5113.

[10] 李媛, 方番, 肖先勇,等. 基于输入/输出线性化的准 Z 源逆变器光伏并网控制策略[J]. 高电压技术, 2019, 45(7): 2167-2176.

[11] 赵峰, 王卓, 高锋阳. 基于两步预测的光伏并网 SL-qZSI 的模型预测控制[J]. 太阳能学报, 2021, 42(7): 118-124.

[12] 王俊杰，魏佳丹，郁钧豪,等. 基于间接二次谐波注入的三级式同步电机低速阶段无位置传感器起动控制[J]. 中国电机工程学报,2022,42(24):9031-9042.

[13] LUO X, TANG Q P, SHEN A W. PMSM sensorless control by injecting HF pulsating carrier signal into estimated fixed-frequency rotating reference frame [J]. IEEE Transactions on Industrial Electronics, 2016, 63(4): 2294-2303.

[14] 陶楷文，储剑波. 基于电机参数在线修正的高速永磁同步电机无位置传感器算法研究[J]. 电机与控制应用, 2022, 49(1): 1-7,15.

[15] 张航，梁文睿，陈哲,等. 基于定子磁链间接计算的内置式永磁同步电机无位置传感器鲁棒性提升控制[J]. 中国电机工程学报, 2022, 42(7):2723-2733.

[16] 彭方正，房绪鹏，顾斌,等. Z 源变换器[J]. 电工技术学报, 2004, 19(2): 47-51.

[17] 李媛，彭方正. Z 源/准 Z 源逆变器在光伏并网系统中的电容电压恒压控制策略[J]. 电工技术学报, 2011, 26(5): 62-69.

[18] SHEN M S, JOSEPH A, WANG J, et al. Comparison of traditional inverters and Z-source inverter for fuel cell vehicles [J]. IEEE Transactions on Power Electronics, 2007, 22(4): 1453-1463.

[19] BATTISTON A, MARTIN J P, MILIQNI E H, et al. Comparison criteria for electric traction system using Z-source/quasi Z-source inverter and conventional architectures [J]. IEEE Journal of Emerging and Selected Topics in Power Electronics, 2014,2(3):467-476.

[20] ANDERSON J, PENG F Z. A class of quasi-Z-source inverters [C]. Canada:Industry Applications Society Annual Meeting, IEEE, 2008.

[21] 曾礼，杜强，陈阳琦. 双向准 Z 源逆变器驱动永磁同步电机的快速有限集模型预测控制[J]. 电机与控制应用, 2021, 48(8): 28-35,43.

[22] HOU W B, TAN G J, LI D L. An improved MPC-based SVPWM mechanism for NPC three-level Z-source converters [J]. Mathematical Problems in Engineering, 2020(1):1-12.

[23] MAHMOUDI H, ALEENEJAD M, AHMADI R. Modulated model predictive control for a Z-source-based permanent magnet synchronous motor drive system [J]. IEEE Transactions on Industrial Electronics, 2018, 65(10):

…，史婷娜，李新旻，等. 准 Z 源逆变器-PMSM 控制中多电流传感…比例误差平衡方法[J]. 中国电机工程学报，2022，42(7)：2706-2714.

[25] 许宇豪，肖海峰，马昭，等. 准 Z 源逆变器直流链电压跌落的判断和抑制方法[J]. 电工技术学报，2022，37(14)：3688-3700.

[26] 王利辉，张旭，张伟锋. 基于神经网络的永磁同步电机参数辨识[J]. 电力电子技术，2020，54(5)：47-49.

[27] 张立伟，张鹏，刘曰锋，等. 基于变步长 Adaline 神经网络的永磁同步电机参数辨识[J]. 电工技术学报，2018，33(Z2)：377-384.